Xpert.press

Springer
*Berlin
Heidelberg
New York
Barcelona
Hongkong
London
Mailand
Paris
Singapur
Tokio*

Die Reihe Xpert.press des Springer-Verlags
vermittelt Professionals in den Bereichen
Betriebs- und Informationssysteme, Software
Engineering und Programmiersprachen aktuell
und kompetent relevantes Fachwissen über
Technologien und Produkte zur Entwicklung
und Anwendung moderner Informations-
technologien.

Ulrich Sendler

Webtime im Engineering

Internetstrategien für Prozessmanagement

Mit 28 Abbildungen

Springer

Ulrich Sendler

CADcircle
Widenmayerstraße 41
80538 München
U.Sendler@CADcircle.de

ISSN 1439-5428
ISBN-13: 978-3-642-63988-3 Springer-Verlag Berlin Heidelberg New York

Die Deutsche Bibliothek – CIP-Einheitsaufnahme
Sendler, Ulrich: Webtime im Engineering: Internetstrategien für
Prozessmanagement / Ulrich Sendler. – Berlin; Heidelberg; New York; Barcelona;
Hongkong; London; Mailand; Paris; Singapur; Tokio: Springer, 2001
(Xpert.press)
ISBN-13: 978-3-642-63988-3   e-ISBN-13: 978-3-642-59469-4
DOI: 10.1007/ 978-3-642-59469-4

Springer-Verlag Berlin Heidelberg New York
ein Unternehmen der BertelsmannSpringer Science+Business Media GmbH

http://www.springer.de

Umschlaggestaltung: KünkelLopka, Heidelberg
Satz: Datenkonvertierung durch perform, Heidelberg
Gedruckt auf säurefreiem Papier – SPIN: 10790681   33/3142 GF   5 4 3 2 1 0

Vorwort

Moderne Zeiten mit Charlie Chaplin – das waren amüsante Vorstellungen von der Entwicklung der Technik. Verglichen jedenfalls mit unseren Zeiten handelte es sich um Verhältnisse, die überschaubar, verstehbar, nachvollziehbar waren.

Der Mensch leistet sich etwas zuviel Technik und Automatisierung, sie droht ihn zu verschlingen. Letztlich aber siegt der Mensch, und die technischen Ausuferungen sind der Lächerlichkeit preisgegeben.

Heute sind wir an den Anblick bedienerloser Fertigungs- oder Lackierstrassen gewöhnt und empfinden es als normal, dass uns die Technik im Auto sicher zu dem Ort leiten kann, den wir als Ziel angegeben haben. Dabei spielt die Technik im Sinne von Moderne Zeiten, also die Mechanik, Elektronik, Hydraulik oder Pneumatik eine immer geringere Rolle, und wir verstehen immer weniger, was sich eigentlich im Hintergrund abspielt, um uns den Komfort zu bieten, den wir genießen.

Im Werkzeugbau bei Audi in Ingolstadt wurde im vergangenen Jahr eine sehr große und sehr teure Maschine zum Testen von Werkzeugen in Betrieb genommen – in der Absicht, sie in wenigen Jahren durch den Test neuer Werkzeuge in Virtual Reality überflüssig zu machen.

Die reale Welt wird nicht mehr nur gespiegelt in der virtuellen, sondern teilweise durch diese ersetzt. Die Unterschiede verschwimmen. Mehr und mehr werden physikalische Prototypen von digitalen Modellen verdrängt, mit denen man sogar noch umfangreichere Tests durchführen kann.

Die Hardware tritt gegenüber der Software in den Hintergrund. Die wichtigsten Eigenschaften und der eigentliche Wert heutiger Konsum- und Investitionsgüter stecken nicht in Aluminium und Kunststoff, sondern in den Programmen, die mit Hilfe von Mikrochips installiert sind.

Die Informationstechnik bestimmt die Technik, und in den letzten Jahren haben wir angefangen zu begreifen, dass sie nicht nur die Technik, sondern die gesamte Wirtschaft und das gesellschaftliche Leben mehr und mehr beherrscht.

Spätestens mit der millionenfachen Verbreitung der Internet-Anschlüsse ist dieser Wandel, der schon seit wenigstens dreißig Jahren zu beobachten war, in ein Stadium getreten, wo Quantität in Qualität umschlägt. Plötzlich ist es nicht nur ein stetiges Mehr an Computerunterstützung und Rechnerleistung, sondern dieses jüngste Mehr beginnt, die Grundlagen unseres Lebens und Handelns neu zu bestimmen, und nicht wenige reden von einer regelrechten informationstechnischen Revolution.

Was aber ist das Wesen dieser Revolution, was sind ihre bestimmenden Merkmale? Wie und warum hat sie solch grundsätzliche Auswirkungen auf nahezu jeden Bereich des menschlichen Lebens? Wo liegen die Chancen dieser Umwälzung, wo die Risiken? Wer wird zu den Siegern gehören, und welche Kinder wird diese Revolution fressen? Wie kann man sich schützen, oder kann man das überhaupt? Was muss man tun, um einen größtmöglichen Vorteil daraus zu ziehen?

Es gibt verschiedene mehr oder weniger einleuchtende Ansätze, diese und all die anderen Fragen zu beantworten, die sich stellen. Und leider gibt es auch viele sehr einfache und vor allem vereinfachende Antworten. Wenig oder gar nichts wurde bislang unternommen, um diese Fragen für die Fertigungsindustrie, und hier noch einmal speziell für den entscheidenden Bereich der Produktentwicklung zu untersuchen. Diese Lücke wenigstens teilweise zu füllen, ist die Absicht, die hinter dem vorliegenden Buch steckt.

Nimmt man derzeit an Kongressen teil, die dem Engineering gewidmet sind, dann drängt sich oft der Eindruck auf, als gäbe es die IT-Revolution gar nicht.

Da wird über Engineering Workflow geredet, über Systemintegration und Integration von Entwicklungsprozessen, über digitale Produktentwicklung und den Wechsel von 2D nach 3D, über die Implementierung von PDM-Systemen. So als gehe es weiterhin nur darum, noch ein wenig besser zu werden in der Organisation dieser Aufgaben. Nicht als könnte es sein, dass diese Aufgaben künftig ganz anders, vielleicht in vielen Fällen sogar überhaupt nicht mehr organisiert werden müssten.

Andere wiederum verstehen unter IT-Revolution und der viel beschworenen New Economy lediglich, dass es neben den traditionellen Unternehmen eine sehr ernst zu nehmende Anzahl von

Startups und Dot.Com Firmen gibt. So als würde dies die Masse der Fertigungsunternehmen gar nicht betreffen.

Einer Anfang des Jahres 2000 durchgeführten Umfrage der Wirtschaftswoche zufolge waren die Manager im produzierenden Gewerbe der Auffassung, dass für ihren Bereich das Internet zu allerletzt, und zwar sowohl zeitlich als auch von der Bedeutung her, zum Tragen kommen werde. An dieser Selbsteinschätzung hat sich zwischenzeitlich vermutlich nicht allzu viel geändert.

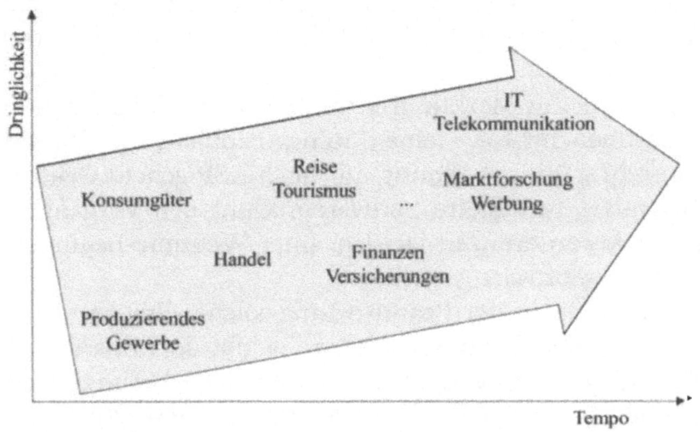

Zwei Berater der Boston Consulting Group haben in ihrem Buch Web Att@ck sehr anschaulich und systematisch erläutert, wie sich die IT-Revolution aus ihrer Sicht darstellt und zu welchen strategischen Maßnahmen sie ihren Kunden raten. Sie sprechen von einer Dekonstruktion der Wirtschaft und untersuchen, welche Glieder der industriellen Wertschöpfungsketten wie stark davon bedroht sind.

Der Fokus des Buches, dessen Lektüre ich übrigens meinen Lesern sehr ans Herz legen möchte, richtet sich dabei vor allen Dingen auf jene Teile der Werteketten, die zwischen dem Produzenten und dem Endkunden stehen. Handel – Distribution – Vertrieb – Verbraucher.

Ich stütze mich in der Analyse des Engineering und der dort bevorstehenden und der bereits stattfindenden Veränderungen auf dieses Buch, weil ich davon überzeugt bin, dass die Kernaussagen hier genauso zutreffend sind. Mein Schwerpunkt liegt aber auf den Bereichen, die der Produktion vorgelagert sind: Design, Konzept, Konstruktion, Simulation, Berechnung, Werkzeugbau, Prototyping. Und natürlich auch auf der Verbindung zu Fertigung, Service und Vertrieb.

Die Großen und die Kleinen

Die IT-Revolution trifft die Fertigungsindustrie in sehr unterschiedlicher Weise, denn sie führt zu einer völlig neuen Ordnung der Zusammenhänge. Die strategischen Antworten müssen für ein Unternehmen der Größenordnung Siemens oder DaimlerChrysler andere sein als für den Hersteller von Werkzeugmaschinen, und noch einmal anders fallen sie aus für den hoch spezialisierten Kleinbetrieb oder gar das Dienstleistungsbüro.

Das ist die eine Seite, mit der sich das Buch beschäftigt. Die andere fragt nach den Veränderungen auf der Seite jener Industriebranche, welche die Technologien und informationstechnischen Werkzeuge liefert. Und auch hier gibt es keine einfachen Antworten.

Alles ASP?

Strategien, die für Marktführer wie IBM oder Unigraphics richtig sind, können für die kleinen Softwareanbieter tödlich sein – und umgekehrt. Wird es künftig nur noch ASP geben? Gehört das am Arbeitsplatz installierte Softwareprodukt der Vergangenheit an? Welche Anforderungen werden unter Webtime-Bedingungen an Engineering-Software gestellt?

Wie im richtigen Leben

Man muss sich bei der Beantwortung solcher Fragen nicht nur auf Annahmen und Visionen stützen. Es gibt auch bereits einige Beispiele und praktische Ansätze, die mögliche Lösungswege erkennen lassen, und auch damit beschäftigt sich dieses Buch.

Panta rei

Trotz aller Bemühungen um größtmögliche Praxisnähe lässt sich nicht vermeiden, dass viele meiner Thesen noch auf den Nachweis ihrer Richtigkeit warten müssen. Aber damit teile ich nur dasselbe Problem, mit dem meine Leser gegenwärtig in allen Bereichen zu kämpfen haben: Alles ist in Bewegung, nichts ist sicher außer der Tatsache, dass es entsprechende Sicherheit auch nicht mehr geben wird.

Schauen wir sie uns also an, die Realität und ihre virtuelle Ergänzung, die fließenden Übergänge dazwischen und zwischen den herkömmlichen Produktions- und Wirtschaftsformen und dem, was sich in den kommenden Jahren daraus entwickeln wird.

Ein herzliches Dankeschön möchte ich an dieser Stelle an diejenigen richten, die mir in zahlreichen Gesprächen geholfen haben, die gegenwärtige Situation zu analysieren, mir Stoff für Beispiele geliefert haben und deren Rückmeldung auf meine Thesen außerordentlich hilfreich waren.

Besonders bedanke ich mich für die Unterstützung aus den Häusern IBM, EADS Matra, Tecoplan und DaimlerChrysler.

Inhalt

1 Die Machtergreifung des Informationsgeschäftes

1.1
Informations- und Produktgeschäft – eine Beziehung voller Kompromisse

Vor 50 Jahren hätten die meisten Menschen auf die Frage nach Beispielen für ein Informationsgeschäft wahrscheinlich geantwortet: eine Zeitung, ein Buchverlag, ein Rundfunksender. Weil sie an ein Produktgeschäft gedacht hätten, bei dem die Nachrichtenübermittlung eine wichtige Rolle spielt.

Der eigentliche Wert einer Zeitung oder Nachrichtensendung ist aber gar nicht die Information. Der Wert einer Tageszeitung etwa steckt viel eher in der Liste der Abonnenten und Anzeigenkunden, in der rationellen Organisation von Redaktion, Layout und Druck, im Funktionieren der Zustellerdienste und anderem. Denn auch diese Art von Informationsgeschäft ist im Grunde ein Produktgeschäft. *Den Wert bestimmt das Produktgeschäft*

Wenn wir heute von Informationstätigkeit oder erst recht von Informationstechnologie sprechen, dann meinen wir das Erzeugen, Speichern, Aufrufen und Verarbeiten digitaler Daten mit Hilfe des Computers. Und reden selbst dann von IT, wenn diese Daten noch weit davon entfernt sind, wirklich als Information im wörtlichen Sinne zu dienen, sondern eher einen Berg Datenmüll darstellen.

Diese Wandlung der Sichtweise ist interessant, denn viele der Informationstätigkeiten, die wir heute mit dem Computer erledigen, gab es schon lange, bevor auch nur an einen möglichen industriellen Computereinsatz gedacht werden konnte. Aber erst in letzter Zeit und durch die Allgegenwart des Computers haben diese Tätigkeiten eine solche Bedeutung erlangt, dass wir sie als eigen- *Der Computer verändert das Informationsgeschäft* ständige, inzwischen sogar als vorherrschende gesellschaftliche und wirtschaftliche Komponente wahrnehmen und ihr deshalb auch einen eigenen Namen geben. Bis hin zur Bezeichnung unserer Ära als Informationszeitalter und unserer Gesellschaft als Informationsgesellschaft.

Bei allen Arten von Geschäft hat es schon immer Anteile gegeben, die dem Austausch von Information dienten. Kein Produkt hätte jemals einen Käufer gefunden, wenn der Käufer nicht wenigstens über die Existenz dieses Produktes und die Wege zu seinem Erwerb informiert gewesen wäre. Erst recht in Zeiten von Serienproduktion und Massenfertigung spielte etwa die Information des potenziellen Kunden auf dem Wege des Marketing und ausgeklügelter Vertriebskanäle eine geradezu herausragende Rolle.

Auch innerhalb der Fertigungsindustrie, innerhalb der Prozessketten, in denen ein Produkt seinen Lebenszyklus entfaltet, hat die Information seit jeher eine extrem wichtige Aufgabe erfüllt. Eigentlich sind die angewachsenen Unternehmensorganisationen sogar hauptsächlich deshalb entstanden, weil nur so die Abläufe steuerbar waren – steuerbar über den zielgerichteten Fluss von Informationen, von Plänen, Entwürfen, Designs, Arbeitsblättern oder auch Adressen von Zulieferern oder Katalogteilherstellern.

Wenn sich heute eine Unternehmensberatung daran macht, die Prozesse eines Unternehmens zu untersuchen und nach vorhandenem Optimierungspotenzial abzuklopfen, dann steht im Kern ihrer Analysen eine Ansammlung von Diagrammen, in denen es vor allem um eins geht: den Datenfluss.

Informationstätigkeit ist aus zwei Gründen meist nicht als etwas Besonderes aufgefallen. Sie war einerseits so selbstverständlich ein fester, integraler Bestandteil des Produktgeschäftes, dass sie höchstens für ganz bestimmte Bereiche einer eigenständigen Behandlung bedurfte, etwa für das Marketing oder den Vertrieb. Und sie war andererseits nie der Quell des Umsatzes, sondern allenfalls ein Mittel, eine Brücke auf dem Weg dahin. In der eigentlichen Wertschöpfungskette spielte sie, wenn überhaupt, entweder eine untergeordnete oder sogar eine negative Rolle, denn sie bedeutete Kosten, die durch den Erlös der Produkte mit hereingewirtschaftet werden mussten.

Informationsgeschäft und Produktgeschäft gehören so untrennbar zusammen wie Bindemittel oder Verbindungselemente auf der einen und Gebrauchsgüter auf der anderen Seite. Das Eine ist ohne das Andere nicht denkbar. Nimmt man der Tür das

Scharnier, ist sie nicht zu schließen und unbrauchbar. Nimmt man die Bindeglieder aus einem beliebigen Produkt, ist es wertlos.

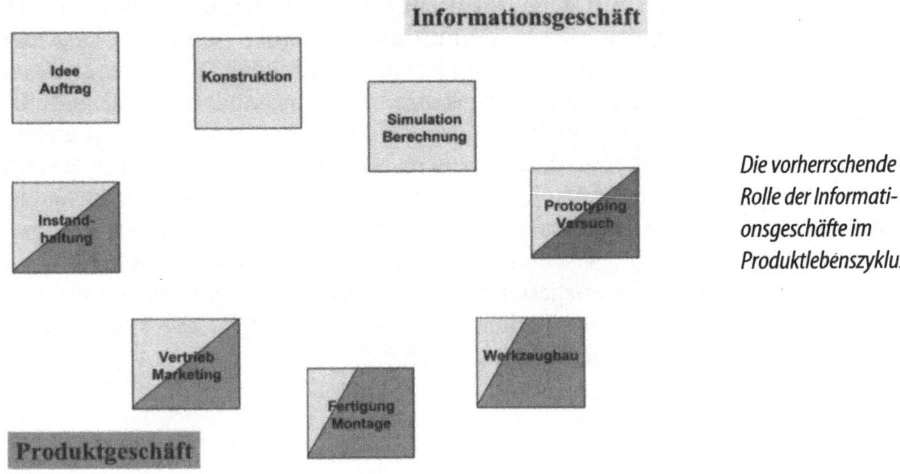

Die vorherrschende Rolle der Informationsgeschäfte im Produktlebenszyklus

Genauso verhält es sich mit dem Informationsgeschäft etwa innerhalb der Fertigungswirtschaft. Ohne die Organisation des Informationsflusses zwischen den an Produktentwicklung, Produktion, Vertrieb und Wartung beteiligten Mitarbeitern gibt es kein Produkt. Die Informationstätigkeiten sind gewissermaßen die Bindemittel, die das Produktgeschäft überhaupt möglich machen und am Leben halten. Umgekehrt war das Informationsgeschäft bis vor wenigen Jahren ohne das Gütergeschäft undenkbar und sinnlos.

Das ist eine der tragenden Säulen der heute als *Old Economy* bezeichneten Wirtschaft, die durch die modernen Technologien in Frage gestellt ist.

Betrachtet man die Informationstätigkeiten selbst, dann fällt eine Beschränkung auf, der sie unterliegen, und deren Beherrschung von jedem Unternehmen eine große Kunst erfordert.

Im Verhältnis Informant und Informationsempfänger herrscht nämlich ein unübersehbares Ungleichverhältnis vor. Der Informant entscheidet, was er wem mitteilen will. Liegen nicht ganz besondere Umstände vor, gibt es für den Empfänger keine Chance, mehr zu erfahren. Er hat nicht einmal von der Existenz der Nachricht eine Ahnung, wenn der Informant nicht will.

Information als Bringschuld

Gleichzeitig unterliegt der Informant einem starken Zwang zum Kompromiss. Er hat sich nämlich stets zu entscheiden, ob es ihm mehr auf den Inhalt ankommt oder auf die Breite des Publikums, das er mit einer Nachricht erreichen will oder muss. Die Gesetzmäßigkeit dieses Kompromisses lautet: Je mehr Menschen ich informieren will, desto knapper und inhaltsärmer muss die Nachricht sein. Und umgekehrt: Je mehr Inhalt ich übermitteln will, desto gründlicher muss ich die kleine Zahl der Empfänger auswählen und desto größere Sorgfalt muss ich darauf verwenden, dass am Ziel ankommt, was von der Quelle losgeschickt wurde.

Die Autoren von Web Att@ck bezeichnen diesen Kompromiss als den zwischen der Reichhaltigkeit und der Reichweite eines Informationsgeschäftes. Je reichhaltiger die Information, desto geringer die mögliche Reichweite. Je größer die Reichweite, desto geringer die Reichhaltigkeit.

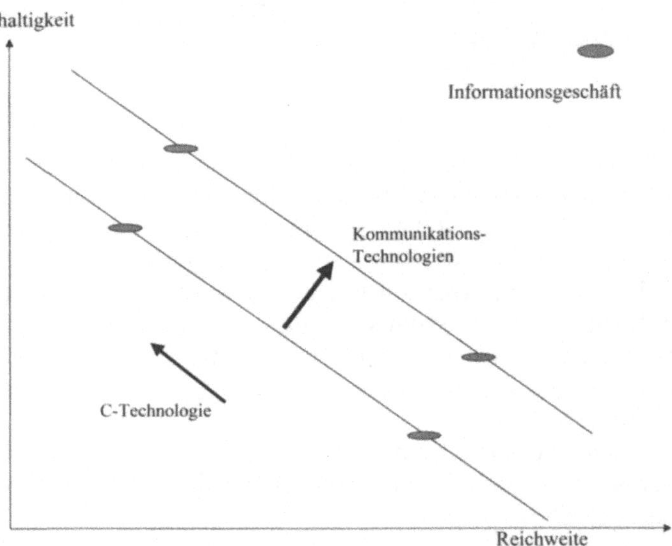

Wer die beste Organisationsform für die Informationskanäle in Entwicklung, Fertigung und Vertrieb eines bestimmten Produktes findet und zugleich den für dieses Unternehmen günstigsten Kompromiss zwischen Reichhaltigkeit und Reichweite erzielt, der hat in der Wirtschaft, wie wir sie kennen und wie sie bis vor kurzem ausschließlich in Erscheinung trat, einen Wettbewerbsvorteil.

1.2
Unternehmensorganisation als Mittel zur Beherrschung von Zwang und Kompromiss

Es ist noch nicht lange her, da war die Stellenbeschreibung Grundlage von Bewerbung und Einstellung. Die Beurteilung von Mitarbeitern basierte hauptsächlich auf der Beantwortung der Frage, wie gut oder schlecht sie jeweils die ihnen zugeordneten Stellenbeschreibungen auszufüllen vermochten.

Jeder Mitarbeiter hatte einen mehr oder weniger präzise formulierten Aufgabenbereich, und das Erklimmen der Karriereleiter oder der Wechsel der Betriebszugehörigkeit war der einzige Weg, neue Aufgabenbereiche zu erobern.

Die Aufgabe definiert die Stelle

Das war nicht so, weil das Management oder die Arbeitswissenschaft dies so und nicht anders wollte, oder weil die Menschen im Unternehmern nicht zu mehr in der Lage gewesen wären. Es ging gar nicht anders. Um den Organismus eines produzierendes Unternehmens am Leben zu halten, um Entwicklung, Produktion und Verkauf der Produkte zu organisieren, gab es keine andere Möglichkeit, als diese Tätigkeiten auf Bereiche, Abteilungen, Gruppen und Mitarbeiter herunterzubrechen.

Die Glieder dieser horizontalen Kette zusammenzuhalten und dafür zu sorgen, dass sie möglichst reibungslos ihre Aufgaben erfüllten, dazu war wiederum eine hierarchische Ordnung von Gruppen- und Abteilungsleitern, Bereichsleitern und Topmanagement erforderlich.

Die Ordnung der Matrix

Je höher die Ebene innerhalb dieser Hierarchie, desto geringer der Anteil des eigentlichen Produktgeschäftes und desto wichtiger die Rolle der Informationsverteilung.

Das Management eines Herstellers weißer Ware wird sich nur ganz am Rande mit den konkreten Eigenschaften einer Waschmaschine befassen oder mit der Kapazitätsauslastung einer bestimmten Maschine.

Auf der obersten Ebene fließen die Informationen zusammen, werden – innerhalb eines sehr kleinen Kreises von Verantwortlichen – strategische Entscheidungen von großer Tragweite gefällt. Auch das mittlere Management kümmert sich nur in Einzelfällen um Schritte der praktischen Umsetzung. Seine wesentliche Aufgabe ist die Herausfilterung jener Teile einer Unternehmensentscheidung, die den jeweiligen Bereich betreffen, und die Organisation der darunter angesiedelten Abteilungen und Gruppen in einer Weise, die das anvisierte Ziel am besten erreichen lassen.

Was nur am Rande interessiert

Auf dem Weg von der strategischen Entscheidung bis zur Realisierung von Konstruktion, Werkzeugbau und Fertigungsstraße geht die ursprüngliche Information in die Breite des Unternehmens. Dabei verliert sie an Reichhaltigkeit. Der Arbeiter an der Fräsmaschine weiß in der Regel nichts mehr von den großen Zusammenhängen, kennt nicht die Wettbewerbsprodukte und den Vorteil der eigenen Neuentwicklung. Er kennt nur seine sehr spezielle Aufgabe und den dahinter stehenden Zeitdruck.

Umgekehrt ist das Wissen des Maschinenbedieners von den Möglichkeiten der Maschine, von den Anforderungen an die NC-Programme oder von den erforderlichen Zerspanungsvorgängen von einer Reichhaltigkeit, die den Manager am oberen Ende der Hierarchie überhaupt nicht interessiert. Für ihn ist nur das Ergebnis wichtig.

Diese Asymmetrie von Information und Wissen zu beherrschen, ist die wesentliche Aufgabe der Organisation jedes Unternehmens. Die Mittel und Werkzeuge, die die Unternehmen für diese Organisation einsetzen, die Informationskanäle, die sie dafür einrichten, haben sich im vergangenen Jahrhundert mehr als einmal geändert. Alle Veränderungen haben im Grunde nicht den Charakter der Organisation selbst betroffen. Aber sie haben die Ausdehnung der Unternehmen ermöglicht.

Solange es kein Telefon gab, war der Austausch von Informationen vollständig vom persönlichen Kontakt abhängig. Manufakturen und erste Fabriken mussten die Mitarbeiter an ein und demselben Ort zusammenfassen. Die Fertigungstiefe betrug fast immer nahezu hundert Prozent, weil eine enge Zusammenarbeit mit externen Stellen viel zu aufwendig war.

Vor allem Telefon und Fax haben diese enge Fessel gedehnt und den Radius der Unternehmensorganisation dramatisch erweitert. Sie haben nichts am zwingenden Zusammengehören von Güter- und Informationsgeschäft geändert. Aber sie haben den nach wie vor nötigen Kompromiss zwischen Reichweite und Reichhaltigkeit etwas verschoben, diesmal in Richtung größerer Reichweite.

Die Inhalte eines Gespräches sind am Telefon nicht anders als im persönlichen Gespräch. Es fehlt sogar Information, denn den Gesprächsteilnehmern fehlt zum Beispiel der Gesichtsausdruck des jeweils anderen. Dafür hilft das Telefon beliebige Entfernungen zu überbrücken, Entscheidungsprozesse unabhängiger vom örtlichen Zusammenhang zu machen und drastisch zu beschleunigen.

Wenn auch heute noch für jedes Gespräch auf dem Weg zu einer Entwicklungsentscheidung ein persönliches Treffen aller Beteiligten stattfinden müsste, würden selbst schnelle Autos, Flugzeuge und Hochgeschwindigkeitszüge nicht verhindern, dass Produkte um Dimensionen länger bis zur Fertigstellung und zur Erreichung des Kunden benötigten.

Hinsichtlich der Telekommunikation waren es zwei Dinge, die *Netz und Standard* diese spürbare Verschiebung des Kompromisses möglich gemacht haben: die weltweite Vernetzung der Menschen über Telefonleitungen und die Entwicklung weltweit gültiger Standards zur Nutzung von Telefon und Fax rund um den Erdball. Diese Technologien haben die Schaffung neuer Informationskanäle gestattet, die sowohl innerhalb der Unternehmen wie auch in der Kommunikation mit Partnern und Kunden neue Bedingungen gesetzt haben.

Ähnlich einschneidende Bedeutung hatten natürlich die Entwicklung des Straßen-, Schienen- und Luftverkehrs. Auch sie haben dazu beigetragen, die Wege zwischen Informant und Empfänger einer Information und natürlich zwischen Produzent und Kunde zu verkürzen.

Auf die Rolle des Computers innerhalb des Unternehmens und nach außen kommen wir im dritten Kapitel noch ausführlich zu sprechen. Im jetzigen Zusammenhang ist nur wichtig, dass die Computerunterstützung zwar eine größere Reichhaltigkeit an Information am einzelnen Arbeitsplatz gebracht und teilweise auch generell die Verbreitung von und den Umgang mit Informationen erleichtert hat. Aber auch sie hat nichts am Wesen des industriellen Unternehmens, wie es eben beschrieben wurde, geändert.

1.3
Das Internet sprengt die Ketten

Das Internet hat einen Slogan Realität werden lassen, mit dem einer der führenden Hersteller von Hochleistungsworkstations vor knapp zwanzig Jahren angetreten war: Sun Microsystems. Er lautete: *Das Netzwerk ist der Computer.*

Gemeint war natürlich nicht die weltweite Vernetzung via Internet, sondern die der Computerarbeitsplätze innerhalb des Unternehmens, speziell innerhalb der Produktentwicklung. Client-Server-Umgebungen sollten den Austausch von Entwicklungsdaten und die gemeinsame Nutzung von Rechen- und Speicherkapazitäten in dem Bereich erleichtern, auf dem in den ersten Jahren der Fokus des Produktgeschäftes von Sun lag.

Amüsanterweise wurde bei Sun um die Mitte der 90er Jahre gerade darüber nachgedacht, ob dieser Slogan für die Zukunft noch der richtige wäre. Denn um diese Zeit war der PC mit dem Betriebssystem von Microsoft zum vorherrschenden Computer geworden. Rechenleistung, Hauptspeicher und Plattengröße am Einzelarbeitsplatz galten als entscheidend. Auch diese Rechner ließen sich mittlerweile vernetzen und in gewissen Grenzen synchronisieren. Und unter Windows NT waren auch Server zu haben, die ihren Zweck erfüllten.

Das große Geschäft mit UNIX-Workstations in der Produktentwicklung begann zu bröckeln, und ein Hersteller nach dem anderen strich gegenüber Microsoft die Segel oder gab, mit Ausnahme von Sun, zumindest soweit nach, dass neben UNIX auch NT-Lösungen angeboten wurden. Seit Ende der 90er Jahre ist der Anteil des Microsoft Betriebssystems in Konstruktion und Berechnung größer als der aller UNIX-Plattformen zusammen genommen.

Bis vor wenigen Jahren spielte das Internet und die Möglichkeit elektronischer Nachrichtenübermittlung eine völlig untergeordnete Rolle. Es waren vor allem die Universitäten und Forschungseinrichtungen innerhalb und außerhalb der Industrie, die es nutzten.

Der entscheidende Durchbruch erfolgte durch die Definition und Durchsetzung der Standards TCP/IP, http und HTML und durch die Entwicklung der Programmierplattform Java, letzteres wiederum eine Erfindung von Sun Microsystems. Und natürlich durch die Verfügbarkeit von *Browsern*, zunächst Netscape Navigator und später auch Internet Explorer, denn erst sie machten die Nutzung des Internet für den Anwender so einfach, dass eine weltweit massenhafte Vernetzung stattfinden konnte.

Die millionenfache Explosion dieser Vernetzung mit Internetanschlüssen in den letzten fünf Jahren ist die Hauptursache für den grundsätzlichen Wandel, den wir gerade erleben. Denn erst sie führt zu einer Sprengung der Ketten, die bis dato Produkt- und Informationswirtschaft aneinander gefesselt hatten. Erst sie lässt ein Informationsgeschäft ohne Kompromisse in vielen, wenn nicht allen Bereichen des gesellschaftlichen und wirtschaftlichen Lebens denkbar und praktikabel werden.

Das Internet und seine Wirkung auf die Wirtschaft wird oft verglichen mit der Entwicklung des Telefons. Dabei wird übersehen, dass das Internet nicht nur den Austausch von Sprache und Text ermöglicht.

Das Telefon gestattete den persönlichen Gedankenaustausch über beliebige Entfernungen, das Fax den Austausch mehr oder weniger kurzer Textnachrichten. Das Internet dagegen erlaubt darüber hinaus die Nutzung von Bild und Ton, von alphanumerischen, graphischen und audiovisuellen Daten aller Art. Eine kleine Videokamera am Bildschirm gestattet beispielsweise in Internet-Konferenzen sogar den visuellen Kontakt zum Gesprächspartner und obendrein die gemeinsame Verwendung von Dokumenten und grafischen Dateien in Echtzeit.

Um es auf die eingangs erläuterten Grenzen des Informationsgeschäftes zu beziehen: Das Internet macht es möglich, weltweit einer beliebigen Anzahl von Menschen beliebig reichhaltige Informationen zukommen zu lassen.

Was noch wichtiger ist: Das Internet gestattet dem Interessenten, eine Fülle von Information aus einer praktisch unbegrenzten Zahl von Quellen zu beziehen, ohne dass die Informanten auch nur davon wissen müssen. Das aber verändert den Charakter des Informationsgeschäftes grundsätzlich.

Nachrichten und Wissen gehören nicht mehr bestimmten Menschen, Organisationen und Unternehmen. Es wird immer schwerer, etwas für sich zu behalten. Das Internet macht Information allgemein verfügbar und jedermann zugänglich. Es kehrt den herkömmlichen Weg der Nachricht vom Informanten zum Empfänger um. Der Empfänger holt sich die Daten, die er braucht, der Informant stellt sie zur Verfügung, aber er muss sie nicht mehr physisch zum Ziel bringen.

So wie das Mobiltelefon zur teilweise beklagten, teilweise euphorisch beschworenen, jederzeitigen Erreichbarkeit des Menschen führt, so erlaubt das World Wide Web die Erreichbarkeit von Information nach dem bekannten Motto: anything anywhere at any time. Ohne das Internet hätten Dienstleistungen auf der Basis eines weltweiten 24 Stundenservice an 7 Tagen der Woche kaum die Bedeutung erlangen können, die sie heute haben.

2 Was neu wird in der Wirtschaft

2.1
Informationsökonomie ist anders

Um das Wesen der informationstechnischen Revolution zu verstehen, müssen wir uns auch ein wenig mit den unterschiedlichen Ökonomien des Güter- und des Informationsgeschäftes befassen. Denn dass sie prinzipiell anders funktionieren und völlig verschiedenen Regeln gehorchen, ist offensichtlich.

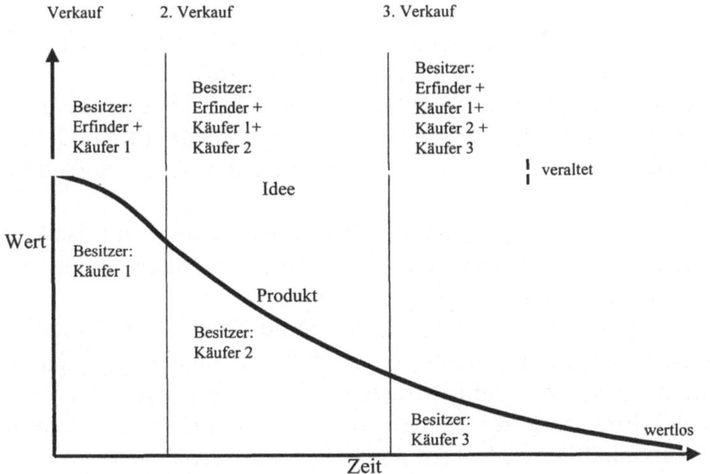

Der kleine Unterschied in der Ökonomie von Information und Produkt

Ein Produkt wird entwickelt und hergestellt mit dem Ziel, es zu verkaufen. Der Verkauf macht den Käufer zum neuen Eigentümer, der Produzent verliert das Besitzrecht. Eine Idee, eine Nachricht, ein Gedanke kann ebenfalls verkauft werden und einen neuen

Besitzwechsel

Eigentümer finden. Aber der Erzeuger der Idee bleibt weiterhin ihr Besitzer.

Ein Produkt nutzt sich im Laufe der Zeit ab und verliert mehr oder weniger schnell an Wert. Eine Idee nutzt sich nicht ab, sondern behält ihren Wert. Sie kann zwar ihre Aktualität verlieren oder sich durch neue Ideen als falsch herausstellen oder uninteressant werden. Aber solange sie gültig ist, kann der Besitzer sie beliebig oft nutzen.

So kann beispielsweise ein Erfinder seine Idee so oft an weitere Interessenten verkaufen, wie er will und wie er Käufer findet. Im Unterschied zum gegenständlichen Produkt, das immer nur zu den Herstellungskosten reproduziert werden kann, entstehen daraus für den Ideenverkäufer keinerlei Kosten.

Gegenstände existieren an einem bestimmten Ort, und ihr Kauf und Verkauf unterliegt eindeutig zu lokalisierenden Organen der Rechtsprechung und den jeweils für diesen Ort geltenden Gesetzen. Information aber ist, wie wir es an der Entwicklung des Internet gerade so schön in der reinen Form verfolgen können, nicht lokalisierbar, kennt weder Ortsgebundenheit noch spezielle gesetzliche Bedingungen. Sie ist überall auf der Welt erhältlich und nutzbar, und für sie gelten ebenso viele Gesetze und können ebenso viele Gerichte angerufen werden, wie es Länder und Orte der Gerichtsbarkeit gibt.

Dieser große Unterschied hat übrigens schon sehr früh zu besonderen Gesetzen und Vertragsformen geführt.

Mit der Möglichkeit, Produkte industriell zu fertigen, sie also serienmäßig zu vervielfältigen, kam das Patentrecht auf, mit dem der Erfinder des Produktes sich für eine bestimmte Zeit das Recht auf seine Idee sichert.

Mit der Entwicklung der Drucktechnologie entstand das Copyright, das das Kopieren der gedruckten Gedanken, Lieder oder Gedichte bestimmten Regeln unterwirft.

Solche Gesetze haben vor allem einen Zweck: Sie zwingen die Information in das Korsett der Produktwirtschaft und sollen verhindern, dass sie beliebig ausgebeutet werden können. Sie dienen der Beschränkung des Zugriffs anderer, um selbst möglichst großen wirtschaftlichen Nutzen aus der Investition ziehen zu können, die in eine Information gesteckt wurde. Ohne solche Gesetze wäre eine derartige Beschränkung nicht möglich.

Ursprünglich und vor den Möglichkeiten von Druck, Fabrikfertigung, Telefon oder Rundfunk war Information tatsächlich gekoppelt an ihren physischen Träger. Patentrecht und Copyright sind Versuche, diese Kopplung aufrechtzuerhalten gegen die

Macht der technologischen Entwicklung, die in zunehmenden Umfang in Richtung auf eine Loslösung der Information von ihrem Träger führt.

Als die Computertechnologie ein Stadium erreicht hatte, wo fertige Softwaresysteme gekauft und installiert werden konnten, fand das Copyright auch Anwendung auf Software und ist übrigens die Grundlage aller Lizenzverträge, die dem Kunden gemeinsam mit einem Programm ausgehändigt werden.

Die Grundlage der Lizenzverträge

Wer die Zeitungen liest, weiß allerdings, dass es sich als nahezu unmöglich, zumindest aber als sehr schwierig erweist, entsprechende Lizenzvereinbarungen faktisch durchzusetzen. Raubkopien und Verletzungen von Nutzungsverträgen verursachen den Herstellern in wachsendem Umfang Probleme und vor allem sorgen sie für nicht unwesentliche Gewinneinbußen.

Das Problem mit der Raubkopie

Mit der Weiterentwicklung der Technik – etwa mit dem CD-Brenner im PC – wird es darüber hinaus immer einfacher, Informationen zu vervielfältigen.

Für ein Computerprogramm gilt dasselbe Recht wie für ein Buch. Aber die Informationstechnologie hat zwischen dem Buch und der CD-ROM einen qualitativen Sprung gemacht. Selbst mit einem hochmodernen Kopierer ist der Aufwand, ein Werk von mehreren hundert Seiten zu kopieren, so groß, dass ihn fast niemand auf sich nimmt. Eine CD mit einem tausendfach größeren Informationsgehalt aber ist so schnell kopiert, dass der Aufwand nicht mehr der Rede wert ist. Eher Fragen der Ethik, oder aber Fragen des Nutzens, der mit dem legalen Kauf verbunden ist – beispielsweise die Möglichkeit, über eine Hotline Unterstützung bei Problemen in der Anwendung eines Softwaresystems zu erhalten.

Eine Frage der Ehre

Das Internet fügt diesem Problem eine neue Dimension hinzu. Es ist heute fast unmöglich zu kontrollieren, welche Informationen hier überhaupt – legal oder illegal – angeboten und heruntergeladen werden. Bestenfalls ist daran zu denken, die Ursprungsseiten der wichtigsten Anbieter zu identifizieren und im Falle von Rechtsverletzungen zu sperren.

Kontrolle ist gut, aber fast unmöglich

Ein Endanwender, der illegal über das Internet unter Umgehung der Copyright- oder Lizenzbedingungen kostenlos ein Musikstück, einen Film oder eine Software kopiert, wird hier schon gar nicht mehr verfolgt. Weil es absolut aussichtslos wäre. Jüngstes Beispiel: Die Zahl der Internet-Nutzer, die über den Musikdienst Napster kostenlos Titel kopiert haben, geht in die Abermillionen. Die gerichtliche Auseinandersetzung mit dem Anbieter war für die Konkurrenz der Musikindustrie, in diesem Fall Bertelsmann, zu einem

Die Kapitulation der Bertelsmänner

bestimmten Zeitpunkt weniger aussichtsreich als die Übernahme des ganzen Dienstes. Gegen die Endnutzer wurde nie ermittelt.

Ohne diese Vorgänge in irgendeiner Weise rechtlich würdigen zu wollen, ohne die Beteiligten zu rechtfertigen oder zu verurteilen, bleibt es eine Tatsache, dass die technologische Entwicklung selbst dafür sorgt, dass es immer schwieriger wird, den Besitz von Information zu verteidigen und den Zusammenhang zwischen einer Idee und einem Produkt aufrechtzuerhalten.

Die modernen Technologien führen also nicht nur zur Verbesserung der Kommunikation, sondern auch zur radikalen Trennung von Produkt- und Informationsgeschäft. Die Informationstätigkeit verselbständigt sich und folgt ihren eigenen Gesetzen, die grundsätzlich anders sind als die der Güterökonomie.

2.2
Die Dekonstruktion der Wirtschaft oder: Der Katalog macht sich selbständig

Das Ergebnis des Auseinanderbrechens von Produkt- und Informationsgeschäften und die schwindende Notwendigkeit, innerhalb des Informationsgeschäftes Kompromisse hinsichtlich Reichweite und Reichhaltigkeit einzugehen, führen dazu, dass traditionelle Werteketten regelrecht *dekonstruiert* werden, wie die Autoren von Web Att@ck diesen Vorgang treffend beschreiben. Dekonstruktion, weil bestimmte Aufgaben der bisherigen Organisation der Wirtschaft überflüssig gemacht werden beziehungsweise unabhängig von den herkömmlichen Strukturen und Hierarchien zu erledigen sind.

Ein anschauliches Beispiel, wie die modernen Technologien in immer schnellerem Wechsel alte Vorgehensweisen durch neue ersetzen, bieten die Kataloge von Standardbauteilen, die in der Fertigungsindustrie zur Anwendung kommen.

In Deutschland gibt es nach Schätzungen von Fachleuten etwa 5000 Unternehmen, die sich auf die Konstruktion und Fertigung von Standardbauteilen konzentrieren. Sie bieten diese Teile in einer Vielzahl von Varianten an, die in Katalogen mit den wichtigsten Abmessungen abgebildet sind.

Der Konstrukteur eines Fertigungsunternehmens hat in der Regel eine Schrankwand mit mehreren Metern entsprechender Kataloge in seiner Reichweite. Er sucht sich daraus für sein Produkt passende Teile heraus, die dann als fertige Zukaufteile Verwendung finden.

Zweck ist natürlich die Vereinfachung der Konstruktion eines Gebrauchsgutes oder einer Maschine und die Verringerung der Fertigungstiefe beim Kunden des Katalogteilherstellers. Ein Zukaufteil muss nicht neu erfunden und konstruiert werden, der Einkauf sorgt dafür, dass es entsprechend der Stückliste in der richtigen Anzahl zum Zeitpunkt der Montage verfügbar ist. Vermutlich wäre es auch schwer, das Standardteil so günstig herzustellen, wie dies der darauf spezialisierte Betrieb kann.

Der Katalog dient dem Anbieter von Zukaufteilen als Vertriebsinstrument. Er soll die notwendigen geometrischen Informationen für den Einbau und die Verwendung der Teile und natürlich die Bestellnummern beinhalten, mehr nicht. Meist werden solche Kataloge höchstens einmal im Jahr aktualisiert und verteilt. *Abfallprodukt mit Marginalwert*

Daneben gibt es die nach DIN oder anderen Verfahren genormten Teile wie Passungen, Schrauben, Federn oder Unterlegscheiben, deren Daten aus entsprechenden Normtabellen abgelesen werden können. *Streng nach Norm*

All diese Norm- und Standardteile unterliegen übrigens – wir erinnern uns – dem Copyright des jeweiligen Herstellers beziehungsweise Verlages, der die Kataloge und Tabellen herausgibt.

In der Konstruktion des Kunden selbst wird durch die Nutzung solcher Teile vor allem Kreativität gespart, denn von Ausnahmen abgesehen müssen auch die Normteile gezeichnet oder modelliert werden, in diesem Fall eben abgezeichnet oder nachmodelliert. *Nachgemacht*

In den letzten zwanzig Jahren hat CAD-Software die Konstruktionsbüros erobert und die Arbeit der Konstrukteure auf eine ganz andere Weise und wesentlich spürbarer erleichtert. Schnell kam dabei hinsichtlich der Normteile die Frage auf, ob sie nicht in elektronischer Form verfügbar gemacht werden könnten, um sie im Bedarfsfall in das eingesetzte CAD-Programm zu importieren und fix und fertig zu nutzen.

Es waren im wesentlichen drei Akteure, die sich dieser Aufgabe annahmen: Die Hersteller von CAD-Software boten beispielsweise DIN-Normteile als integrierte Bauteilbibliothek an; eine eigene, kleine Branche von Softwarefirmen konzentrierte sich auf die elektronische Erfassung von Standard-Bauteilen und die Integration der Bibliotheken in spezifische CAD-Pakete; und manche Katalogteilelieferanten gaben ihre Kataloge nun auch zusätzlich in elektronischer Form, beispielsweise auf CD-ROM, heraus. *Vom Katalog in die Bibliothek*

Der Anwenderbetrieb installiert die Bibliothek und zahlt dafür eine Lizenzgebühr, die ihn zur Nutzung der Daten über einen bestimmten Zeitraum berechtigt. Eventuell gibt es einen Wartungsvertrag, über den er in gewissen Abständen mit aktualisierten Versionen, den so genannten Updates, versorgt wird, und der ihm die Unterstützung des Anbieters in Problemfällen sichert.

Nutzen, der sich bezahlt macht

Der Nutzen dieser integrierten und an das jeweilige System angepassten Bibliothek im Vergleich zu den papierenen Dokumenten liegt auf der Hand. Selbst ein Laie wird sich vorstellen können, welche immensen Zeiteinsparungen die fertigen CAD-Normteile innerhalb der Konstruktion möglich machen. In jedem Fall rechtfertigen sie offensichtlich den Preis, der dafür gezahlt wird.

Wer viel sucht und nicht viel findet

Im Fall des Katalogteilherstellers, also in den meisten Anwendungsfällen, kostet die Bibliothek nichts, aber sie nützt dem Konstrukteur auch nicht viel. Eine immer größer werdende CD-ROM-Ansammlung erweitert lediglich neben den Papierkatalogen die Zahl der zu durchsuchenden Medien. Und obendrein sind alle diese Bibliotheken unterschiedlich aufgebaut, haben andere Oberflächen und Formate, sind in unterschiedlichen Systemen verschieden effektiv, und an eine einfache Nutzung per Drag and Drop ist nicht zu denken.

Download und Einbau

Das Internet verändert nun schlagartig die Sachlage. Sowohl über die Homepages von CAD-Anbietern als auch über so genannte Portale stehen seit etwa einem Jahr nicht nur Bibliotheken zum Download bereit. Es gibt auch die Möglichkeit, selbst auf einzelne Normteile online zuzugreifen, sie also über den Internet-Browser auszuwählen und unmittelbar in die Zeichnung oder das 3D-Modell *einzubauen*, und zwar in der Regel kostenlos.

Es zahlt der Absender

So bietet die im Dezember 1999 gegründete web2CAD AG auf ihrem Portal mittlerweile die stattliche Zahl von 30 Millionen CAD-Bauteilen an. Mit etwa hundert Katalogherstellern wurden Verträge geschlossen, die die elektronische Erstellung, die Teilnahme des Herstellers am Portal und Gebühren pro heruntergeladenen Bauteilen beinhalten.

All in One

Für den Anwender wächst der Nutzen dabei gleich in mehrfacher Hinsicht. Er hat nicht die multiple Suche und Sortierung von zig oder Hunderten von CD-ROM Versionen mit ebenso vielen Oberflächen zu bewältigen, sondern findet unter einer einzigen Oberfläche einen Großteil des allgemeinen Angebotes. Darüber hinaus sind die Teile in wachsendem Umfang formatunabhängig, also für eine größere Anzahl von Systemen direkt verfügbar.

Aktualität ist Alles

Was aber wohl das Wichtigste ist: Der Portalbetreiber, nicht der Konstrukteur muss sich darum kümmern, ob die online angebotenen Bauteile aktuell und korrekt sind. Wiederholte Installation oder Nutzung von CD-ROM Versionen und die Entrichtung zeitbegrenzter Lizenzgebühren entfallen.

Es dürfte einleuchten, dass dieser Variante der Online-Bibliotheken sowohl gegenüber dem Katalog als auch der integrierten elektronischen Bibliothek die Zukunft gehört.

Auch wenn die speziell auf ein bestimmtes System zugeschnittene und besondere Fähigkeiten dieser Software unterstützende Bibliothek qualitativ sehr viel besser sein mag, überwiegen die Vorteile des online verfügbaren Normteils so stark, dass diese Technik für den Konstrukteur gut genug sein dürfte. Zumal sie ihm kostenlos angeboten wird.

Betrachten wir die Wertekette des Katalogteileherstellers, dann war der Katalog ursprünglich kaum mehr als ein Abfallprodukt seiner eigenen Konstruktion, das aber im Vertrieb der Fertigteile eine nicht unwesentliche Rolle spielte, weshalb es ja auch kostenlos wie ein Versandhauskatalog an die potenziellen Kunden verteilt wurde.

Die Information war nicht gerade reichhaltig. Sie lieferte nicht mehr als die nötigsten Daten, um die Teile in eine Konstruktion einzufügen und sie unter Angabe der richtigen Bestellnummer zu ordern. Erreicht werden konnten mit dieser Information theoretisch alle in Frage kommenden Betriebe. Praktisch wurde die Aussendung aber vermutlich beschränkt auf die existierende Kundschaft plus eine gewisse Zahl der wichtig erscheinenden Unternehmen, und in der Regel fand die Aussendung etwa eines deutschen Kataloges ihre Grenzen im deutschsprachigen Raum.

·Die Durchsetzung der CAD-Technologie und der elektronischen Zusammensetzung von Bauteilen und ·Baugruppen ließ den geometrischen Informationen der Kataloge und Tabellen eine so erhebliche Bedeutung zukommen, dass etliche Firmen eine Reihe von Jahren von ihrer elektronischen Erfassung und dem Vertrieb der daraus entstehenden Bibliotheken existieren konnten.

Das Informationsgeschäft Katalog begannen sich aus der Wertekette der Hersteller zu lösen. Dabei verschob sich der Kompromiss zwischen Reichhaltigkeit und Reichweite vor allem in Richtung größerer Reichhaltigkeit, und dies zuungunsten der Reichweite. Mit den Bibliotheken konnte der Konstrukteur zwar erheblich mehr anfangen als mit den Papierwerken, aber die elektronischen Sammlungen waren meist auf bestimmte CAD-Systeme zugeschnitten und dementsprechend keineswegs von allen Käufern der Katalogteile nutzbar.

Zeit ist Geld

Mit dem Internet wächst die Bedeutung elektronischer Bauteile-Bibliotheken nochmals dramatisch an. Insbesondere die Standardisierung der Formate und Oberflächen und die Aktualität der online verfügbaren Teile bedeuten für den Anwender einen großen Nutzen, der sich in nicht unerheblichen Zeiteinsparungen innerhalb der Konstruktion auswirkt.

Attacke auf die Wertekette

An der Wertekette des Herstellers und der Rolle des Katalogs darin hat sich unterdessen wenig geändert. Aber die elektronisch über das Internet verfügbaren Daten, die nun von CAD-Herstellern oder neutralen Portalen angeboten werden, greifen den Wertschöpfungsprozess selbst an und zwingen zur Reaktion.

Offensichtlicher Nutzen

Sofern der Katalogteileanbieter sich an einem Portal beteiligt, wofür er in die elektronische Aufbereitung seiner Daten und in das Portal selbst investieren muss, sind seine Teile schlagartig weltweit verfügbar. Und zwar in einer Reichhaltigkeit, die dem Anwender unmittelbaren Nutzen verspricht. Das eröffnet dem Kataloghersteller ein Kundenpotenzial, das um Dimensionen über dem bisherigen liegt.

König Kunde

Beteiligt er sich nicht an derartigen Angeboten, wird das nicht nur seinen potenziellen Kundenkreis beschränken. Es wird vermutlich früher oder später sogar zum Einbruch der Umsätze führen. Der Kunde wird möglicherweise lieber ein Katalogteil auswählen, das er in elektronischer Form bekommt, weil es ihm – unabhängig vom Kaufpreis des Teils selbst – einen größeren Vorteil bietet.

Widerstand zwecklos

Für die Anbieter von Normteilebibliotheken sind die Folgen noch dramatischer, da hier die Information selbst das Produkt war, mit dem Umsatz getätigt wurde. Beteiligen sie sich am kostenlosen Angebot über Portale, kannibalisieren sie ihren bisherigen Umsatzträger. Aber auch wenn sie sich nicht beteiligen, wird ihr Umsatz mit proprietären, spezifisch ausgelegten Bibliotheken in den nächsten Jahren sehr rasch zurückgehen. Vermutlich proportional zum industriellen Einsatz des Internet in den Konstruktionsabteilungen. In jedem Fall werden diese Softwarefirmen ihren Geschäftsschwerpunkt verlagern müssen und haben dies zum großen Teil auch schon getan.

Bedrohung aus dem Nichts

Aus einem scheinbar völlig unbedeutenden Stückchen Information ist also zunächst ein eigenständiges Geschäft geworden. Und über das Internet wird die Beherrschung dieses neuen, eigenständigen Informationsgeschäftes für einige Unternehmen, die mitunter auf eine beachtliche Tradition zurückblicken, zu einer existenziellen Frage.

Wieweit lassen sich aus diesem Beispiel Schlüsse ziehen auf Veränderungen bei anderen Produkten und in anderen Bereichen der Produktentwicklung? Was unterscheidet das Standardteil und seine Katalogdarstellung von anderen Produkten, und wo liegen die Gemeinsamkeiten?

Ich bin davon überzeugt, dass das erläuterte Beispiel Rückschlüsse auf den gesamten Komplex industriellen Engineerings erlaubt. Das liegt an der immensen und absolut vorrangigen Bedeutung, die das Informationsgeschäft in diesem Teil der Wertschöpfungskette hat.

Paradebeispiel fürs Engineering

Das Besondere am Normteil ist zum einen vielleicht die Tatsache, dass es großteils parametrisierbar beziehungsweise schon parametrisiert ist, und dass es beherrschte Technologie repräsentiert. Zum anderen hat seine Nutzung in der arbeitsteiligen Wirtschaft zum Zwecke der Kosten- und Zeitersparnis eine hohe Priorität.

Aller Anfang ist einfach

Vor allem aus diesen Gründen hat es sich wohl als erstes Element angeboten, um dem Informationsgeschäft im Engineering das Internet zu öffnen. Der zu erwartende Kreis der Nutzer umfasst nahezu die gesamte Fertigungsindustrie.

Das geht jeden an

Aber es gibt keine technischen Barrieren, die Produktentwicklung im Internet beziehungsweise auf Basis der Web-Technologie auf vergleichbare Bauteile beschränken könnten.

Möglicherweise werden die Auswirkungen der IT-Revolution in anderen Bereichen sogar noch viel dramatischer sein, wo es um wesentlich sensiblere und hochkritische Informationsgeschäfte geht, die nun anfangen können, ihren eigenen Weg zu gehen.

2.3
Information und Wissen – ab einer bestimmten Menge durch Unordnung wertlos

Der große Vorteil des Internet ist in seinem Chaos begründet. Gerade weil Informationen in Hülle und Fülle jedermann zugänglich werden, breitet sich die Vernetzung so rasend schnell aus, dass wir beispielsweise Ende des Jahres 2000 allein in Deutschland bereits über 20 Millionen Internet-Zugänge verzeichnen.

Geliebte Anarchie

Das Internet ist seinem Wesen nach Information in unbegrenzter und unbegrenzbarer Vielfalt. Wer versucht, dieses Chaos einzuschränken, wird Schiffbruch erleiden. Und wäre er erfolgreich, würde das Internet zu einem unbedeutenden Ereignis, das sich nicht weiter auf die gesellschaftliche und wirtschaftliche Entwicklung auswirkte.

Dieser Wesenszug stößt immer noch viele Menschen ab, die etwa argumentieren: „Ich kann es mir weder finanziell noch zeitlich erlauben, stundenlang herumzusuchen in diesem unendlichen Datenmüll, um letztlich möglicherweise gar nicht die gesuchte Information zu finden. Es ist einfach zuviel, was dort angeboten wird. Das ist nicht mehr nützlich."

Es ist aber in Wirklichkeit nicht die Menge und der Reichtum an Nachrichten oder Wissen, was stört, sondern die Tatsache, dass diese Menge so schwer zu sichten ist.

Solange es um einfache, begrenzte Daten wie Telefonnummern geht, reicht ein kurzes Nachschlagen im Telefonbuch oder ein Anruf bei der Auskunft aus, um sie zu finden. Wenn ich gar nicht weiß, welche Information von wem zu welchen Bedingungen wann und wo angeboten werden könnte, kann ich nicht einmal suchen. Etwas zu finden heißt dann eher auf etwas zu stoßen und ist weitgehend dem Zufall überlassen.

Der Computer hat generell das Problem mit sich gebracht, dass die Menge der erzeugten Daten stets gewachsen ist, und dass es immer schwieriger wurde, die einmal gespeicherten Informationen, Daten, Zeichnungen, 3D-Modelle schnell zu finden, beispielsweise um sie wieder zu verwenden.

Solange es sich um begrenzte Informationen handelt, die nur einem begrenzten Kreis, etwa dem Entwicklungsteam eines Fertigungsunternehmens einschließlich externer Partner, zur Verfügung stehen, ist dieses Problem lösbar, zum Beispiel durch die Nutzung eines PDM-Systems.

Fallen solche Begrenzungen aber wie im Internet weg, ist eine entsprechende Ordnung nicht mehr möglich. Umso dringender wird die Existenz und das Funktionieren von Navigatoren, die den Nutzer trotzdem zum Ziel führen. Sie können zwar die Unordnung nicht beseitigen, aber sie können die Suche sinnvoller gestalten.

Suchmaschinen wie Yahoo zählen vor allem deshalb zu den ersten erfolgreichen Unternehmen der neuen Wirtschaft, weil sie diesem Urbedürfnis in Zeiten des Internet Rechnung tragen und seine Befriedigung zu ihrem Kerngeschäft gemacht haben.

Sie stellen die Vermittler zwischen dem absolut ungeordneten Angebot an digitalen Informationen auf der einen und der ebenso ungeordneten, unorganisierten Nutzergemeinde auf der anderen Seite dar.

Der Nutzen des Internet und damit seine weitere Ausbreitung
hängen sehr stark davon ab, wie gut diese Vermittlerrolle wahrge-
nommen wird.

Neben den Navigatoren dienen auch die Portale dem schnelle-
ren Zugang zu speziellen Informationen. Im Grunde handelt es
sich dabei nur um Websites, die nicht nur eine einzige Firma und
deren Produkte präsentieren, sondern ein Themengebiet. Sie bieten aber neben der Ordnung dieses Themenbereiches meist zusätzliche Produkte oder Dienstleistungen an, die wiederum aus
dem eigenen Haus oder von Partnern kommen können. Ein Portal
ist meist zugleich ein so genannter virtueller Marktplatz, auf dem
Geschäfte angeboten, angebahnt oder gemacht werden können.

Jedes Portal verfügt über einen Navigator oder eine Suchhilfe
auf Ebene seines spezifischen Themas, so wie jedes Portal natürlich
umgekehrt nur gefunden werden kann, wenn es bei den generellen
Suchmaschinen richtig gemeldet ist.

web2CAD ist ein solches Portal, das nicht nur Katalogteile in
Form von elektronischen Bibliotheken anbietet, sondern eine Reihe von Services für den Ingenieur. Hilfestellungen bei der konstruktiven Lösung bestimmter Aufgaben gehört dazu, aber auch
ein Marktplatz für Ingenieurdienstleistungen. Konstruktionsbüros
bieten hier ihren Service an, und Unternehmen der Fertigungsindustrie können bei Bedarf schnell feststellen, wer das Know-how
und die Kapazitäten hat, um einen Auftrag zu übernehmen.

Wie bei den Katalogteilen gilt auch hier: Zahlen muss der, der
seine Information anbietet, also hier das Ingenieurbüro. In diesem
Fall ist das Maschinenbauunternehmen, das das Portal nutzt, der
Kunde, und der bezahlt nichts.

Zwar wird seit einiger Zeit viel über Portale und e-Business
Marktplätze geredet, aber ihre tatsächliche Bedeutung ist dabei
meist noch gar nicht erkannt.

Wenn es stimmt, dass ein immer größerer Teil der Geschäftsbe-
ziehungen, der Kundenbeziehungen und selbst der internen Prozesse elektronisch abgewickelt werden, dann dürften die elektronischen Marktplätze die künftigen Knotenpunkte werden, über die
große Teile des wirtschaftlichen Lebens gesteuert werden.

Oder umgekehrt: Wer *den* Marktplatz in einer bestimmten
Sparte beherrscht, der beherrscht in zunehmendem Umfang die
Sparte selbst. Denn nur, wer hier angemessen vertreten ist und sich
darstellen kann, der hat in dieser neuen Wirtschaft eine wichtige
Position.

2.4
Wo liegt in der Zukunft der Wettbewerbsvorteil?

Wenn Informations- und Güterökonomie nach sehr verschiedenen Regeln funktionieren, dann liegt nahe, dass das Auseinanderbrechen ihres bisherigen Zusammenhalts auch Folgen haben muss auf den Wettbewerbsvorteil eines Unternehmens. Und genau das ist auch der Fall.

Im herkömmlichen Produktgeschäft ist der Vorteil gegenüber dem Wettbewerber stets die Summe aller Vorteile über die gesamte Wertschöpfungskette. Nachteile in einzelnen Bereichen, möglicherweise auch Nachteile des eigenen Produktes in einzelnen Fragen, können ausgeglichen werden durch überproportionale Vorteile in anderen Gliedern der Gesamtkette. Einzelne Aspekte sind in der Regel von untergeordneter Bedeutung. Betrachten wir einen typischen Marktführer in der Softwareindustrie, und worauf seine Führungsposition beruht.

Die CATIA Produktpalette des IBM Bereiches Product Lifecycle Management Solutions spielt seit Jahren im Markt für Engineering Software eine führende Rolle.

Das liegt nicht an besonderen Preisvorteilen, die der Kunde gegenüber anderer Software genießen würde, denn CATIA war und ist eindeutig an der oberen Grenze der Preisskala angesiedelt. Es liegt auch nicht an der besonderen Einfachheit der Bedienung, denn die Marktführerschaft wurde vor allem mit CATIA V4 errungen, und diese Version ist so komplex und umfasst so viele Funktionen und Möglichkeiten des Einsatzes, dass die Anwender Spezialisten sind.

Gerade diese Vielfalt der Einsatzmöglichkeiten ist aber selbst einer der wichtigsten Wettbewerbsvorteile von CATIA, und es ist zuerst dort zum wichtigsten CAD/CAM-System avanciert, wo die komplexesten Produkte überhaupt entwickelt werden, nämlich in der Automobilindustrie und in der Luft- und Raumfahrt.

Auch die Sicherheit, dass der große Softwarepartner Dassault Systèmes mit seinen Tausenden von Entwicklern stets dafür sorgt, die Produktpalette Schritt um Schritt um weitere Funktionen zu erweitern und mit neuen Versionen dem Anwender neueste Technologie zugänglich zu machen, ist einer der Eckpfeiler des Erfolgs.

Eine der weltweit größten Beratungsmannschaften im Umfeld der Produktentwicklung und ein eingespieltes Vertriebssystem tragen ebenso dazu bei wie die Partnerschaft mit führenden Anbietern von Spezialsystemen. Und natürlich das Marketing und der professionelle Auftritt.

Welcher dieser Gründe der entscheidende ist, und es wären wahrscheinlich noch einige weitere zu nennen, lässt sich ebenso schwer beantworten wie die Frage, welches Modul aus der riesigen Produktpalette wohl am wichtigsten für die Marktführerschaft ist.

Die Summe der Vorteile ist ausschlaggebend, und natürlich das *Die Größe der* gute Gefühl der Sicherheit des Kunden, der sich auf ein so erfolg- *Sicherheit* reiches Haus mit einem derartigen finanziellen Hintergrund stützt.

Die Summe ist so entscheidend, dass selbst schwache Funktionalität, sei es zeitweise oder in einzelnen Anwendungsbereichen, sei es die verzögerte Auslieferung einer angekündigten Version, kaum ins Gewicht fallen. Sie werden ebenso verkraftet, wie das insgesamt starke Vertriebsteam einzelne Mitarbeiter verkraftet, die noch lernen müssen oder die vielleicht für diese Aufgabe nicht die besten sind.

Je größer ein Unternehmen, je größer die Produktpalette, desto *Schwachstellen ohne* weniger fallen schwache Glieder auf, desto schwieriger ist es, sie *Tiefenwirkung* überhaupt zu erkennen. Solange dies für die gesamte Wirtschaft und für jeden Mitbewerber gilt, kann es sich das Unternehmen sogar leisten, solche Punkte wenig zu beachten.

Das liegt daran, dass alle Glieder zusammengehören, dass sie einzeln wertlos sind. Kaum ein Unternehmen, das in den letzten zehn Jahren versucht hat, eine bestimmte Funktionalität besser zu bieten als die entsprechende des Systems CATIA, hat seine Existenz dauerhaft darauf bauen können.

Was aber, wenn sich die Kette insgesamt zu lösen beginnt? *Wenn sich die Glieder* Wenn es beispielsweise leichter wird, auf Basis unterschiedlicher *lösen* CAD-Formate virtuelle Bauteile zu einem Digital Mockup zusammenzubauen und auf Kollision zu prüfen? Dann könnte plötzlich diese spezielle Funktion, die natürlich auch in CATIA integriert ist, an Bedeutung verlieren.

Und was, wenn sich der Ansatz von Application Service Providing (ASP) mit seinem Pay Per Use Modell auch im Umfeld komplexer CAD-Anwendung durchsetzt? Werden dann die bisherigen, unbestreitbaren Vorteile von CATIA noch denselben Stellenwert haben? Oder muss IBM neue Strategien finden, in Ergänzung oder alternativ zum Lizenzgeschäft mit dem zu installierenden Produkt?

Die neuen Technologien schaffen nicht nur neue Kommunika- *Wenn die Regeln sich* tionsmöglichkeiten und neue Produkte. Sie schaffen sogar die *ändern* Möglichkeit, bisherige Produkte von ihrem Charakter her zu verändern, indem sie zum Kernelement einer Dienstleistung werden. Und sie führen in der Tat auch zu neuen Regeln des Wettbewerbs.

Wenn das Informationsgeschäft sich verselbständigt, folgen die neuen Geschäfte der reinen Informationsökonomie. Und hier zählt nicht mehr eine Summe von Vorteilen, sondern der größte Vorteil in einem einzigen Bereich.

Kleine Monopole statt großer Tradition

Wo der Kunde die Möglichkeit hat, ein Angebot weltweit umgehend und ohne Vermittler mit Wettbewerbsprodukten zu vergleichen, da ist kein Platz mehr für eine Reihe von Konkurrenten. In dieser neuen Wirtschaft kann ein sehr kleines Unternehmen sehr schnell zu einer Monopolstellung gelangen. Zumal es im Gegensatz zu den großen, auf lange Tradition bauenden Marktführern der alten Ökonomie keinerlei Ballast loszuwerden und im wahrsten und diesmal durchaus positiven Sinne nichts zu verlieren hat

Marktmacht ohne Produktion

Das Portal, das die meisten CAD-Bauteile bietet und die größte Reichweite hinsichtlich der Anwender vorweisen kann, wird vermutlich zum Standard werden. Und dieses Portal wird beispielsweise den Herstellern von Katalogteilen neue Bedingungen setzen, obwohl hier kein einziges Teil selbst gefertigt oder vertrieben wird.

Schwache Defensive

Wenn die Online-Verfügbarkeit elektronischer Bibliotheken sich als Standardwerkzeug des Konstrukteurs durchsetzt, dann zählt die ganze Wertekette des Herstellers von Katalogteilen nur noch etwas, wenn sie auf dem führenden Portal in guter Qualität zu erreichen ist. Und alle Strategien, mit der bislang vielleicht die Konkurrenz in Schach gehalten und der eigene Wettbewerbsvorteil verteidigt werden konnte, werden hier nichts nützen.

Wo die alte Wirtschaft ausgehebelt wird

Das heißt, dass die ökonomischen Regeln der New Economy so stark sind, dass sie die der alten Wirtschaft überall dort außer Kraft setzen, wo beide miteinander in den Wettbewerb geraten.

Teile der künftigen Wirtschaft werden diesen neuen Regeln folgen, andere nicht. Die einen werden früher, andere später und wieder andere möglicherweise nie erfasst. Aber alle Unternehmen werden künftig sehr genau untersuchen müssen, welche Glieder ihrer Wertschöpfungskette noch den bisherigen Gesetzen folgen und welche nicht. Welche Informationsgeschäfte ihren eigenen Weg gehen könnten, und welche weiterhin innerhalb der Gesamtkette saldierbar sind.

Angriff ist die beste Verteidigung

Dort, wo bislang unter den Bedingungen der alten Technologien die größten Kompromisse innerhalb des Informationsgeschäftes gemacht werden mussten, liegt die größte Gefahr für einen Angriff von aufstrebenden, neuen Unternehmen. Und nicht selten wird der beste Weg zur Verteidigung darin bestehen, selbst diese Schwächen anzugreifen, selbst die Kette an diesem Glied auseinander zu reißen.

Auch dann, wenn damit das laufende Gesamtgeschäft mögli- *Mut zur*
cherweise bedroht und das eigene, alte Geschäft möglicherweise *Dekonstruktion*
kannibalisiert wird.

Das widerspricht allem, was wir bislang gelernt haben. Und
selbst wenn es theoretisch akzeptiert wird, ist es sehr, sehr schwer,
das in geeigneter Weise in die Praxis umzusetzen.

Es ist in diesem Fall mehr als die Macht der Gewohnheit, die *Bremsende Strukturen*
daran Schuld ist. Es sind in langen Jahren gewachsene Organisationsstrukturen, hervorragende Vertriebsmannschaften, es sind
gerade die Faktoren des bisherigen Erfolgs, die dem künftigen
möglicherweise den hartnäckigsten Widerstand bereiten werden.

3 Die Durchdringung von Produkt und Produktion mit Informationstechnik

3.1
Das Produkt wird informativ

Die ersten Autos, die ich aus der Nähe kennen lernte und in denen ich als Kind Mitte der 50er Jahre mitfahren durfte, verfügten schon über eine einfache elektrische Hupe, aber einen Blinker hatten sie nicht. Stattdessen gab es einen so genannten *Winker*. Ein kleines, längliches Teil, das aussah wie ein langgezogener Wassertropfen, mit einer Gesamtlänge von vielleicht fünfzehn oder zwanzig Zentimetern, das beim Volkswagen im Karosserieteil beidseitig hinter den Vordertüren etwa in Kopfhöhe der Insassen angebracht war.

Der Wink mit dem Winker

Das Gelenk befand sich am oberen Ende, und wenn man den Mechanismus durch eine Hebelbewegung neben dem Steuerrad auslöste, dann drehte sich der Winker seitlich aus dem Auto heraus und *winkte*. Vorn und hinten waren Reflektoren befestigt, so dass der *Winker* auch nachts sichtbar war, angestrahlt durch die Scheinwerfer entgegenkommender oder nachfolgender Fahrzeuge.

Es bewegte sich bis zur Waagrechten und wieder zurück, immer auf und ab, bis der Hebel wieder in seine Mittenstellung gebracht wurde. Der Vorgang erinnerte an einen Menschen, der einen Arm hebt, um in eine Richtung zu zeigen und diese Bewegung wiederholt, um auf sich aufmerksam zu machen. Und genau das war die Aufgabe des *Winkers*.

Mal links, mal rechts

Ursprünglich gab es nämlich solche Richtungsanzeiger weder im Auto noch in dessen Vorgänger, der Pferdekutsche. Aber das Auto war schneller und sein Richtungswechsel konnte erheblich gravierendere Auswirkungen auf andere Verkehrsteilnehmer haben. In der Anfangszeit des Automobils war es normal, den Arm aus dem Fenster zu heben und mit der Hand anzuzeigen, wenn man abbiegen wollte. So wie es heute noch beim Fahrrad Usus ist – oder sein sollte.

Der *Winker* war also nichts anderes als ein mechanischer Ersatz für eine Armbewegung, mit der der Fahrer eine Information weitergeben wollte. Der Hebel war leichter zu erreichen, die Hand konnte beim Steuer bleiben, das Abbiegen nach rechts konnte genauso bequem angezeigt werden wie nach links, ohne sich zu verrenken. Eine Erleichterung der Aufgabe des Fahrers, ein Stück Komfort, ein Stück Sicherheit.

Heute erinnert das Blinklicht, das viele Fahrzeuge vorne, in der Mitte und hinten ziert, nicht mehr an den eben beschriebenen Vorgang. Die Information und ihr Zweck sind zunächst dieselben geblieben, und auch der Hebel direkt an der Lenksäule. Mechanik ist allerdings vermutlich nur noch in diesem Hebel zu finden, dessen Bewegung elektrische Signale auslöst. Die Reaktion auf das Setzen der Blinker erfolgt wesentlich schneller, und die Elektrik ist auch deutlich weniger fehleranfällig und leichter zu warten als die komplizierte Mechanik, die früher üblich war.

Mit der Elektrik und der Standardisierung des Blinksignals haben sich aber Möglichkeiten aufgetan, die bei der einfachen Mechanik gar nicht denkbar waren.

Der Blinker gilt heute nicht nur als Richtungsanzeiger, sondern auch als Warnsignal. Ein Fahrzeug, das aus irgendwelchen Gründen liegen bleibt, sei es infolge eines Unfalls oder infolge eines technischen Defektes, muss durch das gleichzeitige Aufblinken sämtlicher Richtungsanzeiger gekennzeichnet sein, um andere Verkehrsteilnehmer zu warnen.

Gekoppelt mit der Hupe dient die Blinkanlage als Instrument, um auf einen Diebstahl hinzuweisen. Die Angst vor dem automatischen Einschalten dieser Anlage soll Diebe abschrecken. Und in neueren Fahrzeugen gibt ein Blinksignal dem Fahrzeughalter zu erkennen, ob er sein Fahrzeug oder den Kofferraum verriegelt oder entriegelt hat.

All diese zusätzlichen Funktionen hätte der *Winker* gar nicht wahrnehmen können. Abgesehen davon, dass er dazu zu wenig auffällig und deshalb ungeeignet gewesen wäre, sind unter anderem die Existenz einer starken Batterie und die Abkopplung der Blinkanlage vom laufenden Motor dafür Grundvoraussetzungen.

Moderne Fahrzeuge, die in diesen Tagen vom Band rollen, verfügen über eine Intelligenz, die dem Fahrer sogar in einem kleinen Display anzeigt, wenn ein Blinker nicht funktioniert und um welchen Teil der Anlage es sich handelt. Der Automechaniker, der eigentlich schon eher Auto-Informatiker heißen sollte, erfährt über einen kleinen Computer, den er an eine Steckdose im Auto anschließt, was die Ursache des Defektes ist, etwa ob eine Sicherung ausgefallen ist und wenn, welche das ist und wo sie sich befindet, oder ob eine Leuchte ihren Dienst versagt.

Die Entwicklung vom mechanischen *Winker* zum multifunktionalen, computergesteuerten Blinksystem ist nur ein einfaches, leicht nachzuvollziehendes Beispiel für das, was sich im letzten Jahrhundert generell in der Funktionalität von industriell gefertigten Gebrauchsgütern getan hat.

Vom Ersatz physischen Kraftaufwands des Menschen durch Mechanik bis zur selbständigen Information des Menschen durch Computersysteme über Funktionen, die überhaupt erst aufgrund der Entwicklung der Elektronik und Elektromechanik bis hin zum integrierten Computerchip möglich wurden.

Die Mechanik ist heute fast überall nur noch denkbar in Verbindung mit der Elektronik. Der Computerchip erobert immer größere Teile sämtlicher Produkte, und es ist eine bekannte Tatsache, dass die Rechnerleistung in einem modernen Fahrzeug gehobener Klassen größer ist als in einem handelsüblichen Personal Computer.

Dabei ergänzt Elektronik und Mikroelektronik nicht nur die mechanischen Funktionen, sondern ersetzt sie mehr und mehr, ordnet sie sich unter. Ende der 90er Jahre galt in der Automobilindustrie als Faustregel, dass die Kosten eines Kraftfahrzeuges jeweils zu einem Drittel in der Karosserie, im Antrieb und in der Elektrik/Elektronik stecken. Während es immer schwieriger wird, eine saubere Trennung zu ziehen, weil sich die elektronischen Komponenten in allen Bereichen und in nahezu allen Unterbaugruppen finden. Mit weiterhin steigender Tendenz.

Die Informatik beherrscht mehr und mehr die Mechanik und damit mehr und mehr das Produkt selbst. Der Leser wird nur wenige Gebrauchsgüter in seinem Gesichtsfeld bieten, für die das Gesagte nicht zutrifft. Es gilt für die Musik- und Videoanlage mit CD und DVD ebenso wie für die Zentralheizung, für die Gegensprecheinrichtung und die moderne Haustürverriegelung wie für die Kaffee-, Spül- oder Waschmaschine, für die Beleuchtung wie für das Telefon. Wo früher Handarbeit oder Mechanik vorherrschte, führen heute die Elektronik und der Chip das Regiment.

Erstaunlich schnell hat sich dies als ein selbstverständlicher Aspekt unseres Lebens etabliert. Wenn es auch manchmal noch etwas unheimlich wirkt, wie wenig sichtbar inzwischen die Kräfte sind, die bestimmte Funktionen auslösen.

Die Miniaturisierung des Chips hat die Miniaturisierung der Mechanik ermöglicht. Die Steigerung der Leistungsfähigkeit des Computers hat die Funktionalität von Konsumgütern aufgebläht und so komplex werden lassen, dass ein Kfz-Betrieb im Falle eines technischen Problems gar keine Chance mehr zur Abhilfe hätte, wenn er nicht über entsprechende Wartungscomputer verfügte, die jeweils mitteilen, wo zu suchen ist.

Das Auto selbst, um noch einmal bei diesem Beispiel zu bleiben, dient zwar immer noch dem Zweck der Fortbewegung. Aber keineswegs ausschließlich wie am Anfang, und manchmal hat man sogar den Eindruck, nicht einmal vorrangig.

Man setzt sich ins Auto und hört eine neue CD, die automatisch unterbrochen wird, wenn ein digitales Signal eine aktuelle Verkehrsmeldung ankündigt. Das Autotelefon oder die Freisprecheinrichtung haben die Telefonzelle für viele Autofahrer überflüssig gemacht. War in den Anfangsjahren die Tatsache, dass man sich mit dem eigenen Fahrzeug fortbewegen konnte, ein Symbol für den gesellschaftlichen Status, den der Fahrer einnahm, so ist in unseren Tagen eher die elektronische Ausstattung und der Grad an Automatismus das Statussymbol als die Frage, wie schnell man mit dem Gefährt vorankommt.

Die Priorität der Informatik in Gebrauchsgütern führt zu einer leichteren Bedienbarkeit. Der Fahrer wird durch den Bremskraftverstärker ebenso unterstützt wie durch die elektronische Steuerung der Lenkung.

Die Mechanik verschwindet mehr und mehr im Unsichtbaren. Die Espressomaschine blinkt, wenn sie eine Reinigungstablette braucht, und gibt dann neben Lichtsignalen noch Töne von sich, die auf irgendwelche mechanischen Vorgänge rückschließen lassen. Zu sehen ist aber nur das Ergebnis in Form austretender Reinigungsflüssigkeit und vor allem in einem neuen Licht- oder Akustiksignal, welches das Ende der Reinigung anzeigt.

Und selbst der letzte Knopf, den der Mensch noch von Hand betätigen muss, wird mehr und mehr durch Informatik ersetzt: Statt Schalter oder Bedienknöpfe zu drücken oder Hebel umzulegen, wird eine Videoanlage über ein Lesegerät programmiert und dann zu einer bestimmten Uhrzeit automatisch ein- oder ausgeschaltet.

Die Reduktion menschlicher Handlungen auf die Betätigung der Tastatur oder Maus ist seit der Durchdringung der Industriegesellschaft durch den PC zu einem alltäglichen Erlebnis geworden. In ein paar Jahren wird die Spracherkennung so weit fortgeschritten sein, dass nicht nur das Mobiltelefon per Namenszuruf die betreffende Verbindung schaltet, was ja heute schon funktioniert. Der Fahrer wird dem Auto vielleicht bald beim Einsteigen den Zielort nennen, und der eingebaute Computer wird ihn durch klare, sprachliche Anweisungen dorthin leiten. Und niemand wird mehr verstehen, welche elektrischen Schalter dazu umgelegt werden mussten auf welchem Chip.

Wenn aber die Informationstechnik das Produkt beherrscht und mehr und mehr auch die Bedienung und Wartung, wie sieht es dann mit dem Bereich in der Industrie aus, der solche Güter fertigt? Beschäftigen wir uns also mit der Rolle, die die Informationstechnologie in der Fertigung spielt.

3.2
Von Hammer, Roboter und virtueller Fertigungsstraße

Was beim Gebrauchsgut der Erleichterung menschlichen Lebens, dem Komfort und Luxus dient, hielt in der Fertigung von Gebrauchsgütern schon lange vorher Einzug. Beim Investitionsgut, bei Werkzeugen, Maschinen, Fließbändern und Montagevorrichtungen war die Automatisierung allerdings etwas, das sich von Anfang an rechnen ließ. Sie diente weniger der Erleichterung, als vielmehr der Beschleunigung und rationelleren Herstellung, also direkt dem Ziel, in kürzerer Zeit mehr Umsatz mit den Endprodukten machen zu können.

Der Motor ist Zeit und Geld

Weil dies eine wesentliche mächtigere Triebkraft ist als die Bequemlichkeit und Annehmlichkeit des Alltagslebens und die Verschönerung der Freizeit, spielte die Technologie hier schon immer eine größere Rolle, kam früher zum Einsatz.

Eine Massenfertigung von Kraftfahrzeugen oder Kochtöpfen verlangte von vornherein spezielle Systeme und Maschinen, welche die menschliche Arbeitskraft ergänzten, multiplizierten und in der Folge mehr und mehr ersetzten.

Der Hammer in der Schmiede wurde ersetzt durch den mit Dampfkraft getriebenen Schmiedehammer, der nicht nur ein Vielfaches menschlicher Kraft aufbringen konnte, sondern auch wesentlich größere Teile mit wiederholbarer Form herstellen ließ. Das Fließband ermöglichte die Montagearbeit in einer Form zu beschleunigen, die vor der Einführung dieser Transportmaschine undenkbar war. Die Erfindung von Drehbänken und Fräsmaschi-

Hammerschlag mit Präzision

nen gestattete die Fertigung von Teilen, die mit Handarbeit überhaupt nicht hätten hergestellt werden können.

Überschaubare
Nischen

Handwerkliche Tätigkeiten wurden zunehmend in Randbereiche verdrängt, in Spezialgebiete von Bearbeitung, für die sich der Einsatz einer Maschine entweder nicht lohnte oder nicht eignete. Und diese Randgebiete wurden immer kleiner und überschaubarer.

Der Einzug der Elektrik und Elektronik und erst recht des Computers sorgte in der Fertigung nochmals zu einem Schub, der dem durch die Erfindung der Dampfmaschine und des Ottomotors durchaus vergleichbar war.

Programmierte Greifer

Lange bevor der Computer in der Gesellschaft eine Rolle spielte, wurden Maschinen gebaut, die durch Computer angesteuert wurden. Der Roboter ist wohl das schönste Beispiel dafür, wie Computereinsatz zunächst vor allem der Ansteuerung komplexer mechanischer Apparaturen diente. Das Entscheidende am Roboter war nach wie vor das mechanische Funktionieren seines Arms und seiner Greifer. Die Steuerungsfunktionen waren minimal, die freie Programmierbarkeit eher ein Problem.

Bei NC-Maschinen zur spanenden Bearbeitung spielte die Programmierung bereits eine größere Rolle. Erste Bediener solcher Maschinen Ende der 70er, Anfang der 80er Jahre waren in der Regel Facharbeiter, die wussten, welche Kurbel wie schnell bewegt werden musste, um beim Drehen eines bestimmten Stahls die beste Oberfläche zu erzeugen.

Hilfe, die Nerven kostet

Nicht wenige waren von den neuen Maschinen überfordert, wenn auch nicht hinsichtlich notwendiger Fertigkeiten, sondern in Hinblick auf ihre Nerven. Selbst dann, wenn sie nicht selbst die Geometrie des Fertigteils in die abstrakte Form eines Maschinenprogramms umsetzen mussten, sondern lediglich den Startknopf zu drücken und die Maschine zu überwachen hatten.

Mit einer für ihre Begriffe unvorstellbaren Geschwindigkeit raste der Drehmeißel auf das zu bearbeitende Werkstück los und bremste abrupt in einem Abstand von wenigen Millimetern vor dem Stahl, um dann mit der programmierten Drehzahl in mehreren Stufen die endgültige Form des Teils aus dem Rohmaterial herauszuschälen.

Die Maschine funktionierte, wenn der Programmierer gute Arbeit geleistet, der Bediener das richtige Werkstück sicher eingespannt, das programmierte Werkzeug eingesetzt und vor allem das passende Programm installiert und gestartet hatte.

Die vormals geforderten Fähigkeiten eines Drehers gingen allmählich über auf den Arbeitsvorbereiter oder NC-Programmierer, der Facharbeiter stieg entweder auf zum Programmierer, oder er wurde degradiert zum Helfer seiner Maschine.

Die Informationstätigkeit, die Beherrschung von Computern aller Art, ihre Bedienung und Programmierung ist heute zu einem selbstverständlichen Kernpunkt der Qualifikation des Arbeiters beinahe jedes Fertigungsunternehmens geworden. Wo in unserer Zeit Maschinen noch in der Mehrzahl von Hand bedient werden, ist meist der Konkursverwalter nicht mehr weit.

Die Entwicklung geht weiter. Die Programmierung von Maschinen, Pressen- oder Lackierstraßen, Roboterlinien und chemischen Apparaten wird bereits teilweise an virtuellen Modellen dieser Anlagen geprüft. Hochleistungsrechner erlauben die Erschaffung ganzer Fertigungshallen samt darin enthaltenem Werkzeugmaschinenpark in der virtuellen Welt. Werkzeuge und Programme sind weitgehend fertig, bevor die Halle bezogen wird.

Und damit sind wir an der Schwelle zwischen der eigentlichen Fertigung, insbesondere der Serienfertigung, und der Produktentwicklung angelangt. In dem Bereich nämlich, in dem es um die tatsächliche Erzeugung der Maschinen, Werkzeuge und Formen geht, mit denen später Metall gegossen oder verformt, Kunststoff gespritzt, Teile montiert werden – im Werkzeug- und Formenbau. Und im Versuch, der an physikalischen Prototypen die Funktionstüchtigkeit und Lebensdauer der zu fertigenden Teile prüft.

Machen wir aber erst einen kleinen gedanklichen Sprung: mitten hinein in den eigentlichen Kern des Engineerings, in die Konstruktion und Berechnung von Teilen, Baugruppen und komplexen wie weniger komplexen Produkten. Und nähern uns dem soeben tangierten Bereich des Werkzeugbaus noch einmal von der anderen Seite.

Maschinen mit
Facharbeiterniveau

Virtuelle Fabrikhallen

4 Von der Zeichnung zum virtuellen Produktmodell

4.1 Die Konstruktion als Kerninformation der Fertigungsindustrie

Die Konstruktion spielt in der Produktentwicklung und generell in der Fertigungsindustrie aus bekannten Gründen eine absolut zentrale Rolle.

Hier wird entschieden, wie innovativ das spätere Produkt ist, wie schnell und mit welchen Mitteln und Werkzeugen es gefertigt werden kann, wie viel Prozent des Endproduktes im eigenen Haus hergestellt wird, wie sicher es ist und welche Qualität es haben wird.

Wo die Innovation herkommt

Die Konstruktion ist der Bereich des Unternehmens, der selbst zwar nur relativ geringe Kosten verbraucht. Aber zugleich ist es der Bereich, in dem der absolut größte Teil der Produktkosten bestimmt wird.

Wo die Kosten definiert werden

Konstruieren heißt, das zu fertigende Teil entsprechend einer Idee funktional und geometrisch zu definieren und dann so zu beschreiben, dass andere auf dieser Grundlage in der Lage sind, die Fertigung vorzubereiten und zu realisieren.

Information, die zum Produkt wird

Konstruieren ist also per Definition eine (fast) reine Informationstätigkeit. Hier wird Wissen und fachliche Kompetenz so formuliert, dass daraus Entscheidungsgrundlagen und Handlungsanweisungen abgeleitet werden können.

Was eingangs allgemein über das Informationsgeschäft und seinen festen Zusammenhang mit dem Produktgeschäft gesagt wurde, trifft hier in Reinform zu. Ohne Konstruktion gibt es kein Produkt. Ohne Produkt ist Konstruktion sinnlos. Die Konstruktion

Nur miteinander

ist das informatorische Bindemittel ersten Grades, das die industrielle Produktion überhaupt erst möglich macht.

Es ist gleichzeitig eine besondere Art der Information, denn ihrem Wesen nach ist sie Geometrie. Man kann zwar die Funktionsweise eines Produktes in Worten beschreiben, und der Ingenieur mag seine Idee zunächst schriftlich formulieren, bevor es an die Detaillierung geht.

Aber von Michelangelo sind vor allem Zeichnungen überliefert, weniger Texte. Ohne Zeichnung – oder mittlerweile eben ohne das 3D-Modell – kann keine Idee in ein industrielles Produkt verwandelt werden. Und wenn es irgendwo in Werkzeug- oder Vorrichtungsbau, beim Zulieferer oder in der Montage Schwierigkeiten gibt, dann ist es in den allermeisten Fällen die geometrische Produktbeschreibung, in der nach der Problemlösung gesucht wird.

Bis zur industriellen Softwareentwicklung wäre auch kein Ingenieurstudium denkbar gewesen, in dem nicht das Pflichtfach Konstruktionslehre hätte absolviert werden müssen. Häufig war es dieses Fach, das zur eigentlichen Auslese benutzt wurde. Wer nicht die konstruktive Definition eines Produktes beherrschen konnte, der wurde auch nicht Ingenieur.

Natürlich wäre der Ingenieur auch kein Ingenieur, wenn er nicht mit Formeln und Rechenmethoden umgehen könnte. Eine Flasche, die nicht stehen kann, weil ihr Schwerpunkt an der falschen Stelle sitzt und deren Standfläche im Vergleich zum Durchmesser und Volumen zu klein ist, kann ihre Funktion nicht erfüllen. Die Konstruktion muss nicht nur die Form beschreiben, sondern der Konstrukteur hat sich bei seiner Arbeit mit der Berechnung von Volumen, Wanddicke und Materialbedarf zu beschäftigen. Sonst hat er nur die halbe Arbeit getan.

Je komplexer das Produkt, desto größer der Aufwand an Berechnungstätigkeiten. Kinematische Zusammenhänge müssen geprüft, Belastungsfähigkeit durch Zug- oder Auflagekräfte, Gleitfähigkeit von Bauteilen und die Abnutzung über der Zeit vorausberechnet werden, wenn nicht der Endanwender und kurz darauf der Hersteller böse Überraschungen erleben wollen.

Auch dieser Teil des Ingenieurwesens ist ausschließlich Informationstätigkeit, wenn man von den Versuchen und Tests an physikalischen Prototypen absieht. Und auch hier handelt es sich um Tätigkeiten, die sehr viel mit der Geometrie des späteren Produktes zu tun haben. Berechnungen bedürfen der geometrischen Information aus Zeichnung oder 3D-Modell, und vielfach münden sie wiederum in eine grafische Darstellung des Ergebnisses.

Weil die Geometrie als Kerninformation der produzierenden Wirtschaft eine so große Rolle spielt, liegt es nahe, dass der Loslösungsprozess der Information vom Produktgeschäft in diesem Umfeld auch eine besondere Bedeutung hat.

30 Jahre lang wurde hier Vorarbeit geleistet, die es erst möglich gemacht hat, dass nun auch auf diesem Gebiet die Technologien des Internet ihre volle Wirkung entfalten können.

Es ist höchst aufschlussreich, die elektronische Erfassung der Engineering-Information und die schrittweise Verwandlung der Produktentwicklung in die Tätigkeit von Hightech-Informatikern etwas eingehender zu untersuchen: von der Ersetzung des Zeichnens und dann der Zeichnung, über die Simulation von Produktverhalten und Funktionsweisen, die automatische Ansteuerung von NC-Maschinen aus dem computergenerierten Produktmodell heraus, bis hin zur vollständigen Verlegung der gesamten Entwicklung in die virtuelle Realität.

Einmal angefangen, konnte dieser Prozess nirgends sonst hinführen. Obwohl alle einzelnen Schritte beinahe unabhängig voneinander und mit dem totalen Fokus auf die jeweilige Aufgabenstellung in Angriff genommen wurden.

Wenn die Information im Engineering beginnt, sich vom konkreten Produktgeschäft zu lösen, dann läuft das letztlich darauf hinaus, sich auch von den organisatorischen Zwängen zu befreien, die sie bisher dort eingegrenzt hat.

4.2
Elektronische Zeichnungserstellung

Das einzig Handfeste in der Konstruktion war einmal die Zeichnung, das Erstellen eines papierenen Dokumentes. Seit das Zeichenbrett in den Ruhestand gedrängt wurde, ist auch das Ausformulieren der Konstruktionsidee von allem Handfesten befreit. Der erste Ansatz von Engineering-Software, die Entwicklung von CAD-Systemen, diente hauptsächlich diesem Ziel: der Befreiung des Konstrukteurs von der physikalischen Zeichnungserstellung.

Große Unternehmen hatten noch in den 70er Jahren nicht nur Hunderte von Konstrukteuren und Versuchsingenieuren. Vielfach kam auf beinahe jeden Konstrukteur noch ein Technischer Zeichner – Angehörige eines Berufsstandes, der mittlerweile so wenig anzutreffen ist, wie die großen, teuren Zeichen- oder Reißbretter, an denen sie ihrer Arbeit nachgingen.

Der Aufwand, eine Konstruktionsidee bis zur letzten Schraube zu detaillieren und daraus technische Unterlagen für die Fertigung zu machen, war viel zu groß, als dass man dafür die teure Zeit der Ingenieure opfern wollte. Die Detaillierung war Aufgabe der technischen Zeichner. Und nicht nur die Ersterstellung von Zeichnungen. Viel wichtiger und noch wesentlich kostenträchtiger ist schließlich die Änderung.

Kleinliche Routine Manche Mitarbeiter hatten tagelang nichts anderes zu tun, als in überformatigen Unterlagen einen Radius von 2 Millimetern durch einen von 1,5 zu ersetzen. Einen Radius, der an unzähligen Stellen vorkam. Ein geschickter Handgriff mit einem Spezialzirkel folgte dem ebenso routinierten Ausradieren des falschen Elements beispielsweise mit einer Rasierklinge.

Im Schnitt nur Annäherung Je komplexer die konstruierten Bauteile, Baugruppen und Werkzeuge, desto schwieriger und aufwendiger ihre Darstellung in der Normzeichnung. Freiformflächen etwa erforderten – je nach Umfang und Komplexität – eine größere Anzahl ebener Schnitte, um sie auch nur annähernd hinreichend zu definieren. Annähernd, weil weder entsprachen die Schnittdarstellungen exakt dem Schnitt durch das Teil, noch ließen sich aus den Schnittflächen letztlich genau die Oberflächen erzeugen, die der Konstrukteur im Sinn hatte.

Hohes Potenzial für Rationalisierung Verständlich also, dass die Industrie und ihre Berater in dieser enorm aufwendigen Tätigkeit von Konstruktion und Zeichnungserstellung ein Gebiet gefunden zu haben glaubten, in dem eine Menge gespart werden könnte. Genau hier schlug die Geburtsstunde für CAD, was ja zunächst nichts weiter hieß als Computer Aided Drafting oder Computer Aided Design, also computerunterstützte Zeichnungserstellung.

CAD Marke Eigenbau Wie in der Folgezeit kamen die ersten Ansätze für die Entwicklung der Technologie aus dem Teil der Fertigungsindustrie, dessen Produkte die höchste Komplexität aufwiesen: Automotive, Flugzeugbau, Raumfahrt, große Industrieanlagen. Mangels irgendwelcher auf dem Markt verfügbarer Systeme begannen die Ingenieure in diesen Unternehmen – unterstützt von universitären und anderen Forschungseinrichtungen – damit, ihre eigenen Programme zu schreiben.

Dabei eroberte Forschung und Entwicklung nur ein neues Gebiet. Softwareentwicklung gehörte schon seit einiger Zeit zu den wichtigsten Bereichen, wenn es darum ging, wesentliche Wettbewerbsvorteile zu erringen.

Von dem, was wir heute unter CAD verstehen, waren diese Programme allerdings weit entfernt. Hauptziel war der Ersatz der Zeichentätigkeit durch Automaten, die sich Plotter nannten. Die unstrukturierte, meist in Fortran, manchmal in Pascal geschriebene Software war eine Sammlung von Routinen, die eine Definition von Strichen, Kreisen, Ellipsen und unterschiedlichsten Kurven auf dem Bildschirm gestattete.

Plot-Programme

Als Eingabegeräte dienten alphanumerische, also nicht grafikfähige Monitore und riesige, separate Grafikterminals. Beides hing an Großrechnern, später an sogenannten Minicomputern, die aber ebenfalls noch ihre schwingungsgedämpften Böden in klimatisierten Sonderräumen brauchten. Die Kosten waren immens. Ein Minicomputer mit zwei oder drei Megabyte Hauptspeicher kostete noch um 1980 eine runde Million. Etwa soviel wie damals in eine NC-Drehbank investiert werden musste. Die Performance der zig Arbeitsplätze, die mit einem solchen Rechner unterstützt wurden, war – aus heutiger Sicht – absolut katastrophal.

Teure Riesenminis

Auf dem Alpha-Terminal gab der Konstrukteur Befehle ein oder wählte sie durch Zahleneingabe entsprechend der aufgelisteten Funktionen aus einem schriftlichen Menü aus. Wenn er dabei keinen Fehler machte, die richtige Reihenfolge der Schritte einhielt und seine Eingabe die Möglichkeiten des Programms nicht überforderte, dann entstand, Vektor für Vektor, auf dem grünen Grafikschirm eine Geometrie.

Ohne Maus und doppelten Boden

Falls das Ergebnis, aus welchen Gründen auch immer, nicht den Anforderungen entsprach, dann gab es nur eins: den gesamten Programmablauf wiederholen. Interaktion war weder am Grafikterminal noch am Eingabebildschirm verfügbar.

Noch mal von vorn

Sah die Konstruktion endlich so aus, wie sie sollte, dann konnte sie ausgedruckt, geplottet werden. Und das endlich war das Schauspiel, das in dieser Anfangsphase wesentlich mehr aufregte und überzeugte als die eigentliche Konstruktion.

In einem unvorstellbaren Tempo raste der Tuschestift über das Papier und sorgte in wenigen Minuten für eine DIN A0-Zeichnung, auf der – wenn alles klappte – nichts fehlte. Einschließlich Oberflächenangaben, Bearbeitungszeichen, Ausschnittsvergrößerungen, Detailansichten und Schnitten. Das, wofür der technische Zeichner bis dato etliche Tage benötigt hatte, tat sich quasi von allein.

Schneller Stift

Während die Konstrukteure lernten, den Bildschirm als elektronisches Zeichenbrett zu verwenden und die technischen Zeichner allmählich ihre Umorientierung zum CAD-Anwender begannen, wuchs in vielen Großunternehmen ein teilweise recht beacht-

Entwicklung in der Entwicklung

licher Stamm von Softwareentwicklern, die keine andere Aufgabe
hatten, als die Funktionalität und Bedienbarkeit der CAD-Systeme
auszuweiten.

Grundsätzlich handelte es sich bei den meisten dieser Programme naturgemäß um parametergesteuerte Systeme. Die Eingabe der Konstrukteure bestand im wesentlichen aus konkreten
Werten, die dann von der Software miteinander in Beziehung gesetzt und zu einer Konstruktionsvariante gefügt wurden. Parametrik war zu diesem frühen Stadium eigentlich das Einzige, was
CAD-Programme zu bieten hatten.

Die Industrie übergab die Eigenentwicklungen an Startups, die
sich mit der industriellen Herstellung von CAD-Software beschäftigten und nun für die Wartung, für die Ausbildung der Konstrukteure und für die ständige Weiterentwicklung dieser technisch orientierten Informatik eine eigene Branche bildeten.

Die 80er Jahre waren für diese Branche so etwas wie die Sturm-
und Drangzeit. Obwohl auf Seiten der Anwender zunächst die
Ernüchterung überwog. Denn statt großer Rationalisierungseffekte
im eigentlichen Zeichnungsumfeld hatte sich mittlerweile herausgestellt: Mit Computerunterstützung ließen sich die Zeichnungen
zwar genauer, zuverlässiger und vor allem exakt wiederholbar
erstellen und wesentlich leichter ändern. Aber von einer Verkürzung der Konstruktionszeit konnte insgesamt kaum die Rede sein.

Die Systeme wurden perfektioniert und allgemein nutzbar gemacht. Neben den Pionieren tauchten Legionen von kleinen und
größeren Firmen auf, die CAD zu ihrem Geschäftsfeld machten.

Das wäre nicht geschehen, wenn nicht die Entwicklung der
Hardware, der Betriebs- und Grafiksysteme, geradezu atemberau-
bende Fortschritte gemacht hätte. Denn nur so war daran zu denken, CAD von einem Spezialwerkzeug einiger Großkonzerne zu
einem massenhaft eingesetzten Konstruktionstool werden zu lassen.

Die System-Auswahlentscheidungen der Industrie waren geprägt von dicken Anforderungskatalogen, anhand derer Anwender
und Entscheider herauszufinden versuchten, welche Software dem
Bedarf der Konstruktion am besten entsprach. Und da gab es freilich große Unterschiede. Je nachdem, aus welcher Ecke der Industrie das Programm stammte, unterstützte seine Funktionalität
diesen oder jenen Bereich besser als andere.

Wie genau kann eine Kurve oder Ellipse dargestellt werden?
Gibt es einen Automatismus für die Konstruktion eines Rechtecks?
Werden bei einer perspektivischen Ansicht die verdeckten Kanten
automatisch berechnet und ausgeblendet? Wie einfach lassen sich

am Bildschirm Elemente trimmen? Eine schier endlose Liste von Wünschen und Forderungen ließ die Softwarefirmen wachsen und hielt ihre Entwickler auf Trab.

Es entstanden mehr oder weniger ausgereifte Standardpakete, die zwar am einzelnen Arbeitsplatz schon ziemlich gute Arbeit erlaubten. Aber es waren alles Insellösungen. Meist hörte der CAD-Nutzen dort auf, wo die Zeichnung erzeugt und der Datensatz abgelegt war.

Begrenzter Nutzen

2D-CAD war für die Konstruktion, was die Mechanik und die ersten Maschinen für die Fertigung waren. Menschliche Arbeit wurde erleichtert und durch Rechenmaschine und Plotter ersetzt, wodurch gleichzeitig die Qualität der Zeichnungen erhöht werden konnte. Die Computerunterstützung in dieser ersten Zeit richtete ihren Fokus darauf, die bekannten Arbeitsschritte des Konstrukteurs als reine Informationstätigkeit nachzubilden.

Mechanisches CAD

Es ist also nicht verwunderlich, dass diese Art von CAD keinen prinzipiellen Wandel in den Konstruktionsbüros bewirkte. Das Brett wurde durch Bildschirm, Tastatur und Maus ersetzt. Sonst blieb es bei den bekannten Abläufen.

4.3
Berechnung mit Hochgeschwindigkeitsidioten

Eine etwas andere Auswirkung hatte der Computereinsatz in der ingenieurmäßigen Berechnung. Hier ging es nicht nur um den Ersatz von Formelsammlungen und von Hand oder mit der Schreibmaschine ausformulierter Rechnung. Es ergaben sich völlig neue Möglichkeiten und Methoden der Berechnung, die ohne Computer gar nicht praktikabel gewesen wären.

Nicht ohne den Computer

Bekanntestes Beispiel ist die Finite Elemente Methode (FEM), die dem Ingenieur erlaubt, hochkomplexe Produkte oder Bauwerke zu berechnen. Herkömmliche Methoden versagen bei solchen Produkten, weil beispielsweise die Krafteinwirkung auf ein einzelnes Bauteil oder eine Unterbaugruppe ausgesprochen komplizierte Folgewirkungen auf viele angrenzende Bauteile und Baugruppen hat.

Endlich FEM

Mit FEM wird ein solch komplexes Produkt theoretisch in eine große Anzahl von so genannten finiten Elementen, also endlich kleinen Teilen, zerlegt, die über ein Netz von Knotenpunkten miteinander verbunden sind.

Mit Hilfe der Matrizenrechnung kann nun die Wirkung der Kraft im Detail gerechnet werden. Im Ergebnis sieht der Ingenieur etwa, an welcher Stelle eine Stahlbrückenkonstruktion einen Dauerbruch befürchten lässt, zum Beispiel in Tragseilen oder Brückenpfeilern, selbst wenn die eigentliche Belastung an ganz anderen Stellen angreift, zum Beispiel durch den Zugverkehr auf den über die Brücke verlegten Schienen.

Derartige Aufgabenstellungen fordern den Computer in seiner ureigensten Fähigkeit, eben dem Rechnen. Einer meiner Dozenten im Ingenieurstudium hatte eine sehr treffende Formulierung zur Beschreibung des Computers, nämlich als Hochgeschwindigkeitsidioten. Er kann eigentlich nichts anderes, als zwischen 0 und 1 unterscheiden, zwischen ja und nein, aber er kann dies in einem Tempo, dass kein Mensch sich auf dieser Ebene jemals mit ihm messen könnte.

Die ersten FEM-Berechnungen waren aufwendig und kostenträchtig. Die Ingenieure knieten auf überformatigen Blättern und zeichneten Knotennetze und finite Elemente. Die so definierten Informationen wurden in Lochkarten übertragen, mit denen ein meist externer Großrechner in einem Rechenzentrum gefüttert wurde, auf dem ein FEM-Berechnungsprogramm installiert war. Es dauerte Tage, bis das Ergebnis in Form unendlich scheinender Zahlenkolonnen zurückkam, die dann ausgewertet werden mussten. In der Regel steckte die wichtige Information in einigen wenigen Zahlen, und Hunderte gedruckter Seiten waren uninteressant.

Trotz des hohen Aufwands, der langen Wartezeiten und des unbefriedigenden Verhältnisses von Rechenergebnis und tatsächlich benötigter Information erlaubte aber dieses Vorgehen zum ersten Mal die Vorausberechnung physikalischer Eigenschaften mit einer erstaunlich hohen Trefferquote. Bis zu dieser Zeit war der Ingenieur auf Erfahrungswerte und langfristige Tests am physikalischen Prototypen oder verkleinerten Modell angewiesen, die natürlich noch erheblich aufwendiger und kostenintensiver waren als die FEM-Anwendung.

Mit dem Aufkommen grafikfähiger Computer setzte etwas Ähnliches ein wie bei der elektronischen Zeichnungserstellung. Das Definieren von Element- und Knotennetzen wurde automatisiert. So genannte Präprozessoren gestatteten die verhältnismäßig einfache Eingabe von Geometrie, und auf dieser Basis dann die Generierung der Netze. Postprozessoren übernahmen die Umwandlung der Berechnungsergebnisse in grafische Darstellungen, aus denen quasi mit einem Blick kritische Teile oder Geometriebereiche abzulesen waren.

Wegen des hohen Rechenaufwands wurden selten komplette Produktgeometrien eingegeben. Großenteils beschränkten sich die Spezialisten auf einzelne Schnittdarstellungen von als kritisch eingestuften Bereichen. Selbst heute wird nur in den seltensten Fällen ein komplettes Bauteil oder Produkt berechnet.

Wie bei der Verdrängung des Zeichenbretts durch das elektronische änderte sich durch den FEM-Einsatz wenig an den gewohnten Abläufen innerhalb der Produktentwicklung. Zwar wurden in immer mehr Unternehmen eigene Berechnungsabteilungen aufgebaut, und es wurde natürlich mehr gerechnet als vor der Verfügbarkeit dieser Technologie. Aber wie CAD auf die Konstruktion beschränkt blieb, so war auch die Berechnung mit den neuen Methoden eben eine Aufgabe des Berechnungsingenieurs.

Die Information hatte in beiden Bereichen eine neue Form erhalten, und neue Technologien gestatteten bessere und zuverlässigere Ergebnisse. Aber von ihrem Wesen her behielten die jeweiligen Informationen ihren Platz in der alten Wertekette.

4.4
Das Computermodell macht den Modellbau allmählich obsolet

Wir haben bisher allgemein von Konstruktion geredet. In Wirklichkeit teilt sie sich in drei wichtige Bereiche auf, die keineswegs gleichrangige Bedeutung haben und die vor allem ziemlich unterschiedliche Anforderungen an die Mittel und Methoden der Konstruktion stellen.

Die Teilekonstruktion steht am Anfang der Kette. Ihr Ziel ist die Beschreibung des fertigen Produktes mit allen Details. Die Werkzeugkonstruktion dient im wesentlichen der Definition der Formen und Maschinen zur Bearbeitung von Roh- oder Halbmaterialien unterschiedlichster Art, um aus ihnen die Einzelteile herzustellen, die dann zum Produkt zusammengebaut werden. Schließlich gibt es die Betriebsmittelkonstruktion, die letzte Bearbeitungsschritte an Einzelteilen und ihre Montage im Visier hat.

Während die Teilekonstruktion noch mit Näherungen an die tatsächliche Geometrie des fertigen Produktes auskommen kann, ist der Werkzeugbau auf exakte Beschreibungen angewiesen. Die unvollkommenen Definitionen von Freiformflächen und Verrundungen müssen in physikalischen Flächen realisiert werden.

Letztlich hängt die Güte eines Fertigteils also nicht nur von den konstruktiven Informationen des Teilekonstrukteurs ab, sondern in noch höherem Maße von der Qualität der Werkzeugkonstruktion. Auch auf der Seite der Fertigung hat dementsprechend der Beruf des Werkzeugmachers stets als die höchste Qualifikation unter den Facharbeitern gegolten.

Die Information zur Herstellung eines Produktes benötigt auf dem Weg vom Teilekonstrukteur zum Werkzeugentwickler einen Vermittler, und diese Mittlerrolle übernahm bis vor wenigen Jahren ein Bereich, der heute schon vielfach ausgestorben ist, auf jeden Fall aber seinen Charakter verändert hat: der Modellbau.

Anhand der Fertigteilkonstruktion wurde hier ein Modell aus Kunststoff oder Holz erzeugt. Es diente nicht nur zur Begutachtung der äußeren Form, die ja aus einer technischen Zeichnung, ob mit oder ohne CAD erstellt, nur vage möglich war. Es diente auch direkt als Mittel zur Herstellung der eigentlichen Werkzeuge. Zum Beispiel, indem mit Hilfe eines Kopierfräsers eine Kopie des Modells in Stahl gefräst und anschließend gehärtet wurde.

Während ein Tastkopf das Modell Zeile für Zeile abfuhr, folgte der Fräskopf denselben Wegen und arbeitete das Pendant zum Modell aus dem Stahlblock, der schließlich beispielsweise zum Pressstempel oder zur Gießform wurde.

Alles dauerte in diesem Prozess zu lange, alles war zu ungenau, alles kostete zuviel Geld. Hunderttausende verschlingt ein einziges Werkzeug zum Tiefziehen der Aluminiumtür eines Kraftfahrzeugs. Und etliche Prototypen jedes Werkzeugs müssen erstellt, verbessert, verändert und ausprobiert werden, bis die Serienreife erreicht ist.

CAD half hier in der Anfangsphase wenig, weil die 2D-Lösungen für dieses Gebiet eben ungeeignet sind – wenn man absieht von den Normalien und einfachen Bauteilen, die um das eigentliche Werkzeug herum benötigt werden, um die Form zu schließen, das Teil zu transportieren, kurz um dem Werkzeug seine Funktion zu gestatten. Dasselbe gilt natürlich für die Betriebsmittelkonstruktion, die es in der Hauptsache mit so genannten 2D-Teilen zu tun hat. In der Mehrzahl ebene Teile mit Bohrungen und einer bestimmten Dicke, oder rotationssymmetrische Elemente.

Aber Zwischenplatten und Führungszylinder, Zukaufteile, Schrauben und Muttern sind nicht das, was das Werkzeug so teuer macht. Teuer ist die eigentliche Form, und diese wiederum ist nur in den seltensten Fällen einfach. Hier geht es meistens um Freiformflächen und schöne Verrundungen, denn die Form ist ja nur das Abbild des fertigen Teils. Und das Teil wird, nicht nur in der

Automobilindustrie, immer anspruchsvoller. Immer wichtiger wird das Äußere neuer Produkte, ihr Design.

Diese komplexen Geometrien verlangten nach einer vollständigen und korrekten Beschreibung, und das hieß: 3D.

Im Werkzeug- und Formenbau lag der Fokus der Computerunterstützung folgerichtig nicht so sehr in der Zeichnungserstellung, sondern in der Automatisierung der Bearbeitung. Kopierfräser waren ein Weg dahin, aber der Computereinsatz versprach Fortschritte in ganz anderen Dimensionen.

Softcopy

Computer Aided Manufacturing (CAM) hat in diesem Umfeld seinen wichtigsten Ursprung. Die geometrischen Beschreibungen der Formen und Werkzeuge waren eher ein Abfallprodukt als das eigentliche Ziel dieser Systeme. Ziel war vor allem die Beschreibung der Fräsbahnen in einer Form, die automatisch in NC-Programme umgesetzt werden konnte.

Fräsbahnflächen

Fieberhaft arbeiteten Softwareentwickler weltweit an Systemen, die für diesen Zweck brauchbar waren. Weil zur Beschreibung von Fräsbahnen die Daten der Flächen, die am Ende dabei herauskommen sollen, ausreichend und sogar das Entscheidende sind, stand hier das 3D-Flächenmodell im Zentrum.

Bearbeitungskünstler

Wenn in den 80er Jahren von 3D-Systemen geredet wurde, dann handelte es sich in der Regel um Software, die auf dem Flächenmodell basierte. CATIA gehörte dazu und Unigraphics, CADDS von Computervision und STRIM von Cisigraph und einige andere Produkte, die inzwischen schon wieder fast vergessen sind.

Die Software gestattete die Beschreibung von komplexen Bauteiloberflächen mit dem Ziel, sie unmittelbar in drei- oder sogar fünfachsige Fräsprogramme umzusetzen. Gewissermaßen entstand auf dem Bildschirm das Modell, das dann nicht mehr kopiert werden musste, sondern in Kunststoff- oder auch direkt in Stahlformen verwandelt werden konnte.

Sag mir, wo oben ist

Da ausschließlich Flächen definiert waren, musste dem Fräser über die Flächennormale mitgeteilt werden, auf welcher Seite der Fläche er aufsetzen und abspanen sollte. Nicht selten führte die Verschneidung oder Verbindung von Flächen dazu, dass sich – mitunter unbemerkt – eine Umkehrung der Normalen einschlich. Oder dass kleine, auf dem Bildschirm möglicherweise gar nicht zu entdeckende Löcher beziehungsweise Überlappungen entstanden, und der Fräser an den entsprechenden Stellen nicht mehr in der Lage war, dem Programm zu folgen. Es war eine umständliche, aufwendige und schwierige Art der Konstruktion und Bearbeitung, und doch war sie um vieles effektiver als die herkömmliche Vorgehensweise.

Jetzt waren es die Modellbauer, die lernten, physikalische Prototypen aufgrund von Computermodellen zu erzeugen. Aber mehr und mehr wird auf diese Modelle heute vollständig verzichtet. Wenn das digitale Modell ausreichend genau ist und eins zu eins in eine Stahlform umgesetzt werden kann, dann braucht man ein physikalisches höchstens noch zum Anfassen und zur visuellen Kontrolle. (Und auch daran wird gearbeitet: In einigen Jahren werden haptische Verfahren erlauben, ein Objekt in der virtuellen Realität anzufassen, seine Beschaffenheit zu fühlen.)

Für etliche Jahre allerdings waren die virtuellen Modelle nur ein unvollkommener Ersatz. Vielfach mussten die Stahl- oder Kunststoff-Formen nachbearbeitet werden. Dann kam die Feile zum Zug, um hier und da etwas zu verbessern, einen Radius weicher zu gestalten, dem Ganzen den Feinschliff zu geben, den die schöne Form des Produktes benötigte.

Damit aber war die Datenkette wieder unterbrochen, und das Modell entsprach am Ende keineswegs mehr dem computergenerierten. Also wurde nach Wegen gesucht, fertige Modelle abzutasten und zu digitalisieren, um letztlich wieder zu einem Computermodell zu kommen, das dem wirklichen Teil entsprach.

So schwierig das Thema, so unvollständig die Funktionalität im Einzelnen auch sein mochte – hier wurde tatsächlich Geld und Zeit gespart, und zwar in beträchtlichen Größenordnungen. Zwar war die Automobilindustrie und die Luftfahrt die treibende Kraft, und die Hersteller machten einen enormen Druck auf die Zulieferer, nur noch mit diesen Methoden und am besten mit denselben Systemen zu arbeiten, die auch beim Auftraggeber installiert waren. Tatsächlich aber waren die Werkzeug- und Formenbauer und die Modellbaubetriebe über viele Jahre wesentlich konsequenter in 3D zuhause als die Großindustrie selbst.

Während auf dieser Seite bald gar nichts mehr ohne 3D-Modell auf dem Bildschirm ging, entstand der größte Teil der Konstruktionen bei den OEM-Firmen nach wie vor mit der technischen Zeichnung als wesentlichem Medium. Das lag vor allem daran, dass die Freiformflächenprogramme zwar für den Werkzeug- und Formenbau sehr gut geeignet waren, aber keineswegs für die ganze Breite der Konstruktion.

4.5
Digitale Produktmodelle ergänzen und ersetzen physikalische Prototypen

3D-Modellierung ist erst in den letzten Jahren auf dem Weg, zum allgemeinen Standard als Konstruktionswerkzeug zu werden. Kaum eine Neukonstruktion wird heute noch über die technische Zeichnung definiert. Stattdessen wird dieses Dokument zunehmend zu einem Abfallprodukt des 3D-Modells, das noch für bestimmte Zwecke und für eine gewisse Übergangszeit, vor allem in Fertigung und Montage, benötigt wird.

Der lange Weg zum brauchbaren Modell

Die Entwicklung entsprechender Software begann zum selben Zeitpunkt wie die der 2D-Systeme. Aber es dauerte ungefähr bis zum Ende der 80er Jahre, um die ersten, wirklich produktiv einsetzbaren Pakete auf den Markt zu bringen.

Sowohl die Rechnerleistung, als auch die Grafikfähigkeiten der eingesetzten Workstations, als auch die informationstechnische Komplexität des Problems waren dafür verantwortlich.

Allround Model

Dabei drehte sich alles um die Perfektionierung des Volumenmodells bis hin zu einem Hybridmodell, das einfache Regelkörper ebenso beherrschen lässt wie komplizierte Freiformflächen.

Midlife Crisis

Die Volumenmodellierer erlebten um die Mitte der 80er Jahre eine heftige Daseinkrise. Außer Regelkörpern wie Zylinder, Kugel oder Quader ließ sich mit ihnen kaum etwas konstruieren. Und schon bei dem Versuch, solch simple Geometrien miteinander zu verbinden oder Schnittmengen zu subtrahieren, versagten sie häufig ihren Dienst. Von den enormen Rechenzeiten entsprechender Operationen einmal ganz abgesehen. Erst recht die Verrundung von Volumenkörpern: Nur das Einfachste war machbar. Weil nämlich schon der schräge Schnitt zweier simpler Zylinder zu Kurven führt, auf denen Verrundungen zu Freiformflächen werden.

Ziemlich viel verdrängt

Diese Probleme sind inzwischen gelöst. So gut, dass das Hybridmodell nicht nur die 2D-Zeichnungserstellung in erstaunlichem Tempo von ihrem angestammten Platz verdrängt, sondern auch das Flächenmodell selbst für Schmieden-, Press- und Gießwerkzeuge in eine absolute Nischenexistenz befördert hat.

Die großen CAD-Systeme wie CATIA oder Unigraphics beherrschen Freiformflächen und Volumen zuverlässig, die Bedienung ist so einfach geworden, dass der Anwender nach mehreren Tagen produktiv ist, die Rechnerleistung ist ausreichend.

Es wird vermutlich weiterhin eine Frage der Kosten sein, welche Systeme hinreichende Freiformflächenfunktionalität zur Verfügung stellen.

Wesensänderung

Das Wichtige an der allgemeinen Durchsetzung des 3D-Modells liegt aber nicht in der Tatsache, dass nun räumlich statt flach konstruiert werden kann. Die größere Bedeutung liegt im Wandel des Charakters der Information selbst.

Fehlkalkulation

Wer seine Konstruktion auf das 3D-Modell umstellt, weil er in der Konstruktion Zeit und Geld sparen möchte, verfehlt das eigentliche Thema. Auch mit dem besten Modellierer wird nämlich der eigentliche Detaillierungsvorgang nur in bestimmten Fällen, keineswegs generell schneller. Schneller und vor allem sicherer wird der Gesamtprozess, nicht die einzelne Aufgabe.

Die geometrische Information über das zu entwickelnde und zu fertigende Produkt hat mit dem 3D-Hybridmodell die optimale Form gefunden.

Für alle gut

Optimal, weil sie das Produkt so vollständig digital beschreibt, die Realität des fertigen Teils so exakt virtuell abzubilden vermag, dass diese Abbildung für die gesamte Produktentwicklung ausreicht. Und weiter: so ausreichend ist diese Information, dass sie das Produkt nicht nur durch alle Stadien der Entwicklung, sondern sogar über den ganzen Produktlebenszyklus begleiten kann.

Aus für 2D

Es ist diese Eigenschaft, die in den letzten Jahren zu einem schwunghaften Handel mit entsprechenden Softwaresystemen geführt und die Branche der 2D-Anbieter bereits nahezu hat aussterben lassen.

Modelliert, vernetzt, berechnet

Mit dem räumlichen Modell lassen sich Berechnungen durchführen, zuverlässiger und qualitativ besser als aufgrund von Schnittdarstellungen. Ist es schon von der Teilekonstruktion her vorhanden, entfällt die Modellierung zum Zweck der Berechnung. Mittlerweile sind zahlreiche Lösungen verfügbar, die eine integrierte, automatische Netzgenerierung gestatten. Berechnung wird so einfach, dass sie selbst in Firmen zum Standard wird, die bislang vollständig darauf verzichtet oder in Sonderfällen auf externe Spezialisten zurückgegriffen haben.

Hybride Fräsbahn

Das Modell gestattet die direkte Ableitung der Werkzeuge und Formen. Besondere Konstruktion von Freiformflächen ist nicht erforderlich, wenn die Teilekonstruktion sie bereits mit dem Hybridmodell liefert. Der Konstruktionsaufwand im Werkzeug- und Formenbau reduziert sich auf die relativ einfachen Vorrichtungen und Aufbauten und auf spezifische Elemente wie Auszugsschrägen oder Werkzeugteilungen. Moderne Systeme gestatten hier inzwischen sogar eine weitgehende Automatisierung. Auch die automatisierte Ausgabe von NC-Programmen ist aufgrund des digitalen Modells machbar und verdrängt Zug um Zug die Offline-Programmierung.

Vor allem aber können an einem 3D-Modelle viele Aufgaben erledigt werden, für die bislang physikalische Prototypen benötigt wurden, nämlich durch die Simulation dieser Aufgaben mit Hilfe des Computers.

Kinematik ist die einfachste Form solcher Simulation. Sie erlaubt die Untersuchung der Bewegungsabläufe des späteren Produktes einschließlich etwaiger Bauteilkonflikte.

Bauraumprüfungen stellen sicher, dass von der Konstruktion vorgesehene Behältnisse oder Baugruppenumgebungen tatsächlich ausreichen. Damit ermöglichen sie natürlich gleichzeitig auch die Minimierung des Einbauraums.

Aus den Bauteilgeometrien berechnete Montagepfade lassen den Konstrukteur sogar frühzeitig sehen, ob nicht nur der Einbauraum geeignet ist, sondern auch, ob während der Montage Probleme auftauchen könnten.

Selbst die Berücksichtigung von Leiterplatten, elektrischen Kabeln und elektronischen Bauteilen aller Art ist mit Hilfe der 3D-Methodik machbar.

Das digitale Modell hat jene Qualität erreicht, die vor allem die Automobilindustrie und Luftfahrt seit langem gefordert hat. Das computergenerierte Fahrzeug lässt sich virtuell zu einem Digital Mockup zusammenfügen, lange bevor die Werkzeuge gefertigt und physikalische Prototypen vorhanden sind.

Letzte Konsequenz des dreidimensionalen Produktmodells ist seine Darstellung in Virtual Reality. In 3D-stereo und interaktiv verschwimmen nun tatsächlich die Grenzen zwischen dem Produkt und seinem mit Hilfe der Software erzeugten Abbild.

Bevor diese sehr weitgehenden Möglichkeiten allerdings sinnvoll und effektiv genutzt werden können, ist eine umfassende Untersuchung und Anpassung der Organisation im Unternehmen und in seiner Zusammenarbeit mit externen Partnern erforderlich.

Die elektronische Erfassung der Konstruktionsinformationen hat sehr viele neue Möglichkeiten geschaffen. Aber die hergebrachte Organisation der Informationskanäle ist für die neuen Technologien ungeeignet und sogar hinderlich.

5 Von der Abteilung zum Projektteam im Prozess

5.1 Informationskanäle für Papierdokumente

Bevor der Computer sich in der Produktentwicklung ausbreitete, gab es klare und übersichtliche Zuständigkeiten, die nie angezweifelt werden mussten.

Das Design war für die Gestaltung der äußeren Form verantwortlich, die Konstruktion für funktionale Zergliederung und Detaillierung; in der Berechnung wurden kritische Aspekte untersucht; Werkzeug- und Formenbau sorgten für die Werkzeuge und Formen; der Musterbau erstellte die Prototypen, die Arbeitsvorbereitung die Unterlagen für die Fertigung; Versuch und Forschung beschäftigten sich mit der Erprobung neuer Methoden oder Materialien.

Jeder für sich, und eins nach dem andern

Je nach Größe des Unternehmens existierte für diese durch ihre jeweilige Aufgabenstellung definierten Bereiche Abteilungen oder Gruppen.

Die Spezialisierung auf die einzelnen Aufgaben war notwendig, denn sie sorgte für größtmögliche Effizienz in jedem Spezialgebiet. Sie war notwendig, solange jeder Arbeitsschritt vollständig beendet und seine Ergebnisse in schriftlicher Form oder als Zeichnung niedergelegt sein mussten, um darauf aufbauen zu können.

Spezielle Effizienz

Nach dem Konzeptentwurf und eventuell nach den ersten Designstudien hinsichtlich Gehäuse oder Außenform des Produktes war der wichtigste und gleichzeitig aufwendigste und langwierigste Arbeitsschritt die Erstellung der technischen Zeichnung. Das war ja auch der Grund, warum allseits große Hoffnungen auf die Computerunterstützung in diesem Bereich gesetzt wurden. Und wes-

Das Warten auf den Plot

halb die Enttäuschung groß war, dass der tatsächliche Rationalisierungseffekt sich in Grenzen hielt.

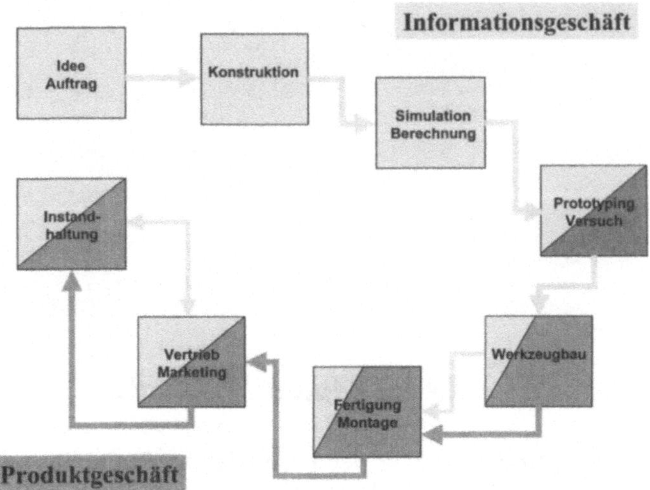

Die serielle Verkettung von Informations- und Produktgeschäft

Erst die Zeichnung

Die Zeichnung war dann Grundlage für alle anderen Aufgaben. Aus ihr wurden die geometrischen Informationen entnommen und jeweils in die Form übertragen, die nun gebraucht wurde.

Für die Berechnung wurden nicht die vollständigen Geometrien benötigt, sondern nur bestimmte, meist noch vereinfachte Ansichten kritischer Bereiche.

Für die NC-Programmierung wurden die Angaben aus der Zeichnung in Programmzeilen des entsprechenden Maschinencodes übersetzt.

Werkzeug- und Betriebsmittelkonstruktion benötigten jeweils bestimmte Teile des Endproduktes, um die passenden Vorrichtungen und Werkzeuge zu seiner Herstellung zu definieren.

Viel Arbeit und wenig Sicherheit

Der Aufwand der Informationserstellung beziehungsweise ihrer Anpassung an den jeweils nächsten Schritt war überall sehr aufwendig. Änderungen konnten eine Wiederholung des ganzen Schrittes bedeuten.

Auch wenn theoretisch die eine oder andere nachfolgende Aufgabe schon vor der endgültigen Zeichnungsfreigabe hätte in Angriff genommen werden können, wurde das aus diesem Grund in der traditionellen Organisation nicht oder nur selten getan – um möglichst wenig Arbeitsgänge wiederholt ausführen zu müssen.

Leider ist aber der beste Ingenieur nicht in der Lage, theoretisch vorauszusehen, welche Probleme sich aus seiner Konstruktionsidee in späteren Phasen der Entwicklung ergeben könnten.

Ungeahnte Folgen

Möglicherweise erzwingt bereits das Resultat der Berechnung auf thermische Belastbarkeit, dass andere Materialien oder andere Wandstärken verwendet werden müssen. Oder es zeigt sich erst in der Montage des Prototypen, dass der Monteur mit dem benötigten Schraubenschlüssel gar nicht an die zu befestigende Mutter kommt. Oder zwei der ersten zehn tiefgezogenen Blechteile reißen an einer Stelle ein und zwingen zu einer grundlegenden Änderung von Fertigteil und Werkzeug.

Änderungsanforderungen wurden bei dieser Art der Arbeitsorganisation in der Regel erst sehr spät erkannt und entsprechend lang war der Weg bis zur Serienreife.

Spät gemerkt

So wie das einzelne Unternehmen die Aufgaben einzelnen Spezialabteilungen zuordnete, so wurden im Laufe der Jahrzehnte ganze Aufgabenbereiche ausgegliedert und externen Partnern übergeben. Waren es anfangs besonders kostenträchtige Felder wie Werkzeug-, Formen- und Modellbau, so erstreckte sich das Outsourcing bald auf nahezu alle Teile der Produktentwicklung.

Verschärftes Abteilungsdenken

Kleine Unternehmen hatten so eine einzelne Aufgabe wirtschaftlich effektiv zu erfüllen. Das diente der Kostensenkung und insgesamt wirtschaftlicheren Organisation. Die für spezifische Aufgaben anfallenden Kosten wurden transparenter.

Auf der anderen Seite machte dies die Gesamtentwicklung auch komplizierter. Nun gab es innerhalb des Prozesses nicht nur die Grenzen zwischen Abteilungen, sondern auch die zwischen eigenständigen Unternehmen.

Erweiterte Kette

Ein weiterer wichtiger Punkt, der den Informationsfluss innerhalb der Produktentwicklung schwierig machte, war der Charakter der Information selbst. Eigentlich versteht nur der Konstrukteur den Gesamtzusammenhang und alle Details einer technischen Zeichnung. Die übrigen Beteiligten mögen ein Grundverständnis für das Erstellen und Lesen dieser Dokumente haben. Für ihre spezifischen Aufgaben müssen sie gar nicht alles verstehen, was an Information darin enthalten ist.

Was nicht jeder versteht

Umgekehrt konnte der Konstrukteur nur begrenzt mitreden, wenn ihm Berechnungsergebnisse vorgelegt wurden, oder wenn es um die Erstellung von NC-Programmen ging.

Die Entwicklung von Softwaresystemen, die die verschiedenen Bereiche des Engineering unterstützten, war in den Anfängen ebenfalls aufgabenorientiert. Wie wir im vorigen Kapitel gesehen haben, beschränkte sich der Nutzen diese Systeme in den ersten zwanzig Jahren auch hauptsächlich auf das jeweilige Spezialgebiet.

Entsprechend der alten Organisation waren es die Abteilungen beziehungsweise die externen Zulieferer, die sich um die für ihre Aufgaben am besten passenden Softwaresysteme kümmerten. Das Ergebnis sind die heute noch überwiegend anzutreffenden hochkomplexen Insellandschaften, in denen nicht selten jede Abteilung auf eine andere Software setzt, selbst wenn dies nicht erforderlich wäre.

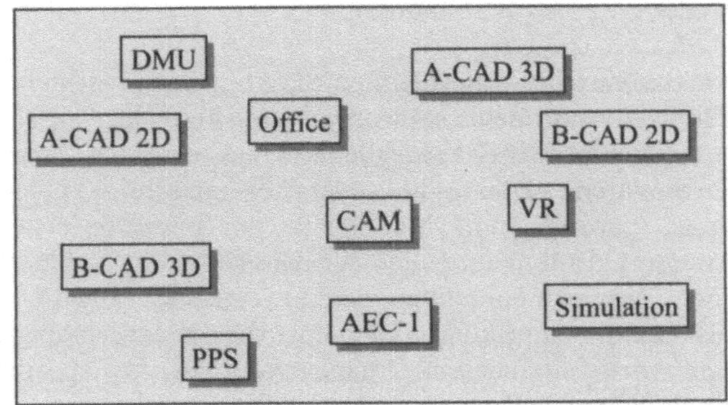

Der Zweck des Computereinsatzes und der elektronischen Erfassung der Informationen bestand in der besseren Unterstützung des einzelnen Arbeitsschrittes. Und am Ende war es meist der Ausdruck oder Plot dieser Information, die den Ingenieuren anderer Fachgebiete, dem Partnerunternehmen, dem Management zur Verfügung gestellt wurden.

Es waren fast ausschließlich die großen Unternehmen und Konzerne, die sogar in diesem frühen Stadium der Softwareentwicklung durch eigene oder in Auftrag gegebene Zusatzprogrammierung den größten Nutzen aus den eingesetzten Systemen zu ziehen vermochten.

Insbesondere die Anbindung der NC-Bearbeitung führte zu umfangreichen Eigenentwicklungen. Aus den 2D-Zeichnungen mussten dazu alle für das NC-Programm überflüssigen Angaben, zum Beispiel Bemaßung, Schraffur, Bearbeitungshinweise oder Detailvergrößerungen herausgefiltert werden.

Im Grunde handelte es sich um komplexe und komplizierte Schnittstellen, die dem Datenaustausch zwischen unterschiedlichen Anwendungen im Engineering dienten. Mit jeder neuen Version der einzelnen Software oder Betriebssysteme musste dafür Sorge getragen werden, dass diese Zusatzprogramme weiterhin ihren Zweck erfüllten. Für ein kleineres Unternehmen ein Aufwand, der sich meist nicht rechnete.

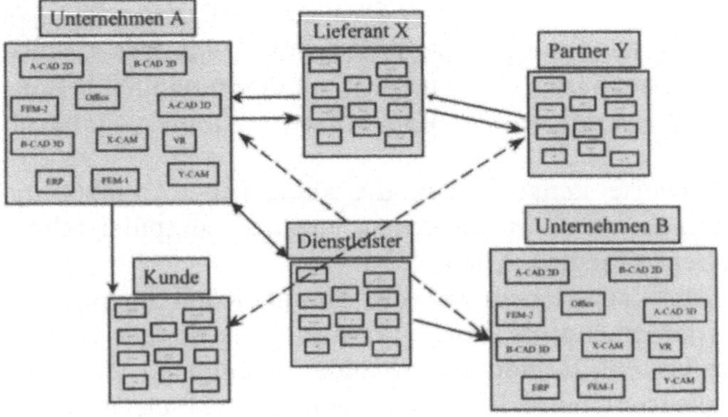

Auch die auf spezifische Aufgaben ausgerichteten Zulieferer konnten mit der Softwareunterstützung relativ großen Nutzen erzielen, weil sie ja oft nur einen einzigen Schritt in der gesamten Kette auszuführen hatten, und für diesen einen Schritt das optimale System installieren konnten.

Die elektronische Erfassung der Produktinformationen machte die Unzulänglichkeit der herkömmlichen Strukturen offensichtlich.

Die Zeichnung war immer noch das zentrale Dokument, aber daneben existierten nun zahlreiche Varianten von computergenerierten Daten. Die wiederholte Eingabe derselben Geometrie, die vielfache Redundanz von Daten wurde in dem Moment offenkundig, als sie nicht mehr in unterschiedlicher Papierform, sondern in der reinen Form der Information, nämlich als Datei auf der Festplatte der Workstation oder im Firmennetz abgelegt wurde.

Viel Aufwand investierten Industrie und Forschung in die Standardisierung von Schnittstellen und Datenaustauschformaten. Es änderte aber wenig an der Gesamtsituation. Jeder kennt die Klagen erfahrener Anwender oder Systemverantwortlicher, dass der größte Kostenblock in Zusammenhang mit CAD-/CAM/CAE auch heute noch im Datenaustausch zu finden ist. Der Grund ist vor allem die Unvollständigkeit der einzelnen Teilbeschreibungen der Produktgeometrie und ihre primäre Ausrichtung an den einzelnen Aufgaben der Produktentwicklung.

5.2
Die Orientierung auf den Prozess

3D macht's möglich

Erst mit der Verfügbarkeit standardisierter 3D-Hybridmodellierer und dem generell möglichen Einsatz des 3D-Modells als Medium für die Konstruktion, und natürlich mit der Vereinheitlichung und Vereinfachung der Bedienungsoberflächen konnte sich die Situation ändern.

Schlagworte kennzeichnen die allmähliche Annäherung der Ablauforganisation an die neuen, von der Computertechnologie geschaffenen Möglichkeiten.

Parallel ist besser als seriell

Der Ruf nach Concurrent oder Simultaneous Engineering entsprang der Erkenntnis, dass auf Basis des 3D-Modells erstmals die Chance besteht, bislang nacheinander ablaufende Arbeitsschritte zu parallelisieren und damit die Gesamtentwicklung zu verkürzen.

Die Berechnung eines kritischen Bauteils erfordert nicht die fertige Detaillierung der gesamten Baugruppe, der Werkzeugbau kann bestimmte Schritte schon einleiten, wenn er nur die grobe Form des Fertigteils kennt, und selbst NC-Programme können schon früh erzeugt werden, wenn sie assoziativ an das Teilemodell gekoppelt sind und sich automatisch mit diesem ändern können.

Die Funktion der Kette

Wenn es eine Produktinformation gibt, die nicht nur von einer Abteilung, sondern von der ganzen Produktentwicklung genutzt werden kann, dann rückt das Zusammenwirken der einzelnen Glieder der Kette ins Zentrum des Interesses.

Wenn es eine Möglichkeit gibt, die umständlichen und kostenträchtigen Informationskanäle zu ersetzen durch eine einzige Information, auf die sich alle stützen können, dann kann das Unternehmen den Gesamtprozess ins Visier nehmen.

Der Prozess ist Alles

Die Orientierung auf den Prozess, die Verkürzung der Prozesskette und die bessere Nutzung einmal vorhandener Geometriedefinitionen bestimmt in den letzten Jahren zunehmend die Diskussion über das Reengineering. Selbst der kleinste Zulieferer kann seinen Auftrag nicht mehr als Einzelaufgabe betrachten, sondern muss sich als Glied in der Kette des Entwicklungsprozesses begreifen.

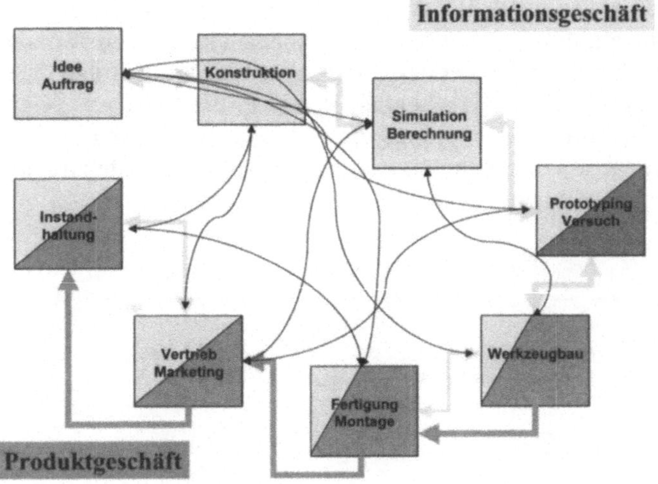

Die Zunahme der Komplexität des Informationsgeschäftes: Hybridmodelle gestatten eine bessere informatorische Vernetzung der Prozesse

Natürlich bleibt es ein Problem, dass Systeme unterschiedlicher Hersteller nicht auf demselben Datenformat beruhen, selbst wenn sie alle im Kern auf das Hybridmodell aufbauen.

Die mächtigsten Teile der Industrie drängten deshalb auf integrierte Gesamtsysteme, die möglichst viele Bereiche des Engineering unterstützen und so den Datenaustausch und das Schnittstellenproblem auf ein Minimum reduzieren. *Integration!*

Gleichzeitig versuchten sie, ihre externen Partner informationstechnisch enger an sich zu binden, indem sie diese zum Einsatz von Systemen drängten, die den Datenaustausch einfacher gestalten würden.

Auf Seiten der Softwareentwicklung kam diesen Bestrebungen die Tatsache entgegen, dass sich objektorientierte Programmierung durchsetzte.

Je weiter ein komplexes Softwaresystem auf kleine, intelligente Komponenten und Objekte heruntergebrochen wird, und je besser solche Objekte miteinander Informationen austauschen können, desto geringer wird generell die Bedeutung des jeweiligen Datenformats, der Programmierung oder der eingesetzten Betriebssystemplattform. *Klein und schlau*

Auch wenn diese Tendenz zunächst auf eine bessere Funktionalität und einen höheren Grad der Integration innerhalb der einzelnen Applikation abzielt, führt sie insgesamt doch auch zum effektiveren Zusammenwirken unterschiedlicher Systeme. Interoperabilität, das Funktionieren von Anwendungen über Systemgrenzen hinweg, tritt mehr und mehr in den Vordergrund. *Besseres Miteinander*

Der Nutzen eines 3D-Modells ist am größten, wenn dieses Modell nur ein einziges Mal vorhanden, stets aktuell und für alle Bereiche schnell und zuverlässig verfügbar ist. Daraus folgt, dass die Vernetzung der entsprechenden Bereiche, die Existenz geeigneter Software und die Kopplung unterschiedlicher Anwendungen für das moderne Unternehmen wichtiger wird als die alte Organisation der Abteilungen.

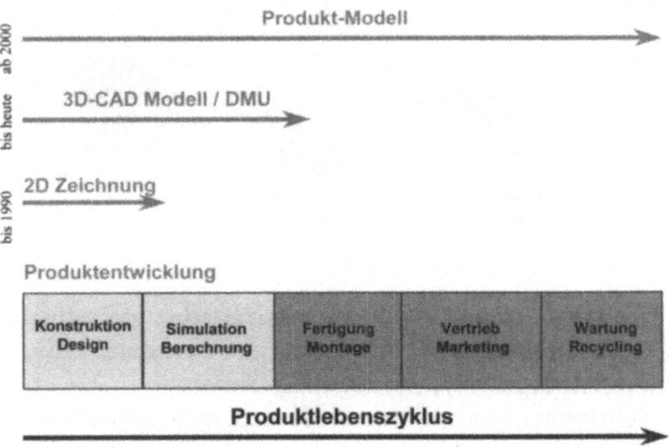

Resultat ist eine überall zu beobachtende Umstellung auf neue Organisationsformen. An die Stelle von abgegrenzten Abteilungen treten in immer mehr Firmen bereichsübergreifende Projektteams. Sie werden gebildet aus allen an einer konkreten Produktentwicklung beteiligten Personen unterschiedlichster Disziplinen.

Die Konstrukteure und Berechnungsingenieure arbeiten mit Designern, Arbeitsvorbereitern, Werkzeugbau, Marketing und Vertrieb zusammen. Wichtige Entscheidungen werden bereits am Computermodell des künftigen Produktes gemeinsam gefällt.

Die geometrische Information des zu entwickelnden Produktes wurde zunächst von der papierenen Zeichnungserstellung befreit und ist jetzt dabei, sich von der technischen Zeichnung selbst zu lösen.

Computertechnologien haben zuerst die Informationsverarbeitung in den traditionellen Bahnen verbessert und erleichtert, um jetzt selbst neue Organisationsformen zu ermöglichen.

Die Form der Information, ihre Reichhaltigkeit und Verfügbarkeit, gestattet eine prozessorientierte Neugestaltung der Produktentwicklung, die keinen Bereich der Industrie auslassen wird. Im

Kern dreht sich diese Neugestaltung um die Virtualisierung der gesamten Entwicklungsschritte.

Wie weit dies inzwischen fortgeschritten ist, zeigt ein Blick in Teile der Automobilentwicklung, die heute bereits Virtual Reality produktiv einsetzen.

CAD-Daten oder Berechnungsmodelle und –ergebnisse, die aus unterschiedlichen Systemumgebungen stammen können, werden in ein Format gebracht, dass ihre Darstellung und interaktive Manipulation in 3D Stereo ermöglicht. Der Betrachter hat den Eindruck, das Teil oder Produkt stehe tatsächlich vor ihm. Er kann es nicht nur drehen und durchschneiden, sondern beispielsweise mit Hilfe digitaler Handschuhe greifen. Montagesimulation nähert sich der wirklichen Montage in einem Ausmaß, dass die Unterschiede zwischen Realität und Scheinwelt verwischen.

In einzelnen Bereichen der Automobilindustrie werden heute Entscheidungen über Konstruktionsfreigaben nicht mehr aufgrund physikalischer Prototypen gefällt, sondern schon weit früher. Ganze Projektteams beurteilen die Qualität künftiger Werkzeuge oder Produkte am digitalen Modell.

Selbst die so genannte Fahrzeughochzeit, die alle Einzelteile und Baugruppen zum kompletten Fahrzeug zusammenführt, wird teilweise schon virtuell durchgeführt.

Die elektronische Erfassung der Produktinformationen in so vollständiger Form hat verständlicherweise nicht nur Vorteile mit sich gebracht. Die Menge der im Engineering erzeugten digitalen Daten wurde insbesondere mit dem dreidimensionalen Modell so groß, dass die Verwaltung selbst Gegenstand der Informationstechnik werden musste.

Auch der eigentliche Nutzen des Modells kommt nur zum Tragen, wenn es eine Möglichkeit gibt, ohne systemspezifische Bedienungskenntnisse stets und aus allen Disziplinen heraus darauf zugreifen zu können.

Die Produktdatenmanagement Systeme (PDM) dienen genau diesem Zweck. Ihre Bedeutung nimmt in den vergangenen Jahren stetig zu – ein direkter Ausdruck der Durchdringung der Industrie mit 3D-Daten.

Innerhalb großer Unternehmensorganisationen, wo solche Systeme derzeit hauptsächlich anzutreffen sind, erfüllen sie diese Funktion teilweise sehr gut. Schon bei der Einbeziehung externer Entwicklungspartner erweisen sich aber die Grenzen dieser Technologie.

Erstens müsste dort überall dasselbe PDM-Paket Verwendung finden. Das ist schon deshalb nur in Ausnahmefällen möglich, weil dieselben Lieferanten meistens für mehrere Auftraggeber arbeiten. Da diese wiederum nicht dieselbe Software einsetzen, müssten ausgerechnet im kleineren Unternehmen gleich mehrere Installationen gepflegt werden.

Zweitens, und dieser Punkt ist noch wichtiger, müsste dem externen Unternehmen der Zugriff auf das interne Computernetzwerk erlaubt werden. Dies zu tun und gleichzeitig zu vermeiden, dass unternehmenskritische Informationen unbeabsichtigt oder unbemerkt das Haus verlassen, ist so schwierig, dass eine solche Praxis kaum irgendwo realisiert wird.

Die bis vor wenigen Jahren verfügbare Technologie stößt also an Grenzen, die in diesem Rahmen offenbar nicht niederzureißen sind. Die begonnene Prozessorientierung der Produktentwicklung kann unverzichtbare Glieder der Kette nicht zufriedenstellend integrieren und läuft letztlich vor die Wand der alten Unternehmensorganisation.

Aber wichtige Voraussetzungen sind durch die Durchdringung aller Bereiche mit Computerunterstützung geschaffen worden. Die Frage ist nun, was das Internet und die jüngsten Technologien des World Wide Web an dieser Situation ändern.

6 Das Internet öffnet die Grenzen

6.1
Ein Netz schafft neue Ordnung

Nach diesem ausführlichen Blick auf die Geschichte der Computerunterstützung ist es an der Zeit, zurückzukommen auf den Punkt, von dem wir ausgegangen waren. Wir wissen, welche zentrale und weiter wachsende Rolle die Information, ihre Erfassung und Verarbeitung in der Fertigungsindustrie und ihrer Produktentwicklung spielt. Wir kennen die treibenden Kräfte und auch die Grenzen, in denen Engineering Software hier zur Entfaltung der Organisationsstrukturen beigetragen hat.

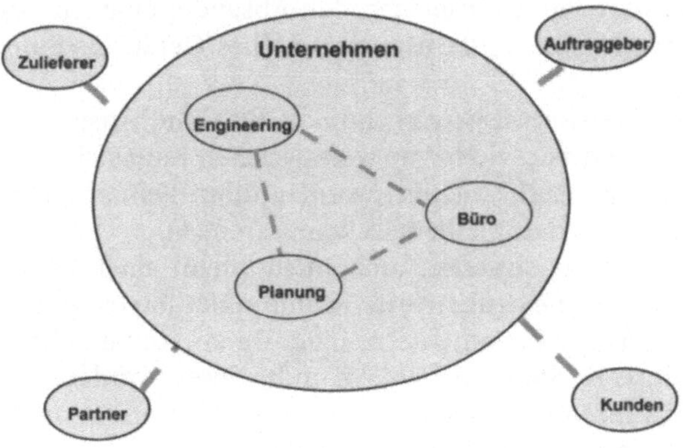

Ineffektive, schlecht verbundene Inseln

Wollte man die revolutionierende Wirkung des Internet in diesem Bereich mit einem Satz beschreiben, dann könnte man sagen: Seine Technologien beseitigen die Grenzen zwischen den bisherigen Softwareinseln und ihren Anwendern, und sie lassen gleichzeitig die schon lange angelegten Nutzenpotenziale explosionsartig schießen.

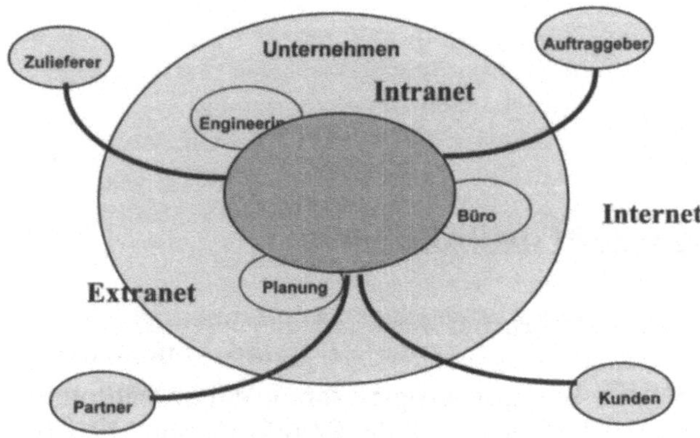

Der Siegeszug des Internet beruht zum einen auf der Tatsache, dass es den Anschluss nahezu beliebiger Geräte gestattet. Man muss nicht einen bestimmten Computer haben, um es zu nutzen, und auch eine Unternehmensorganisation ist nicht gezwungen, sich auf eine bestimmte Rechnerplattform zu beschränken. Alle Computer sind damit vernetzbar, den Absender einer Information interessiert nicht im Entferntesten, welches Gerät der Empfänger einsetzt.

Das Mobiltelefon ist heute schon als Ein- und Ausgabegerät zu verwenden, und wie viele Apparate welcher Kategorie den Kreis der Anschlüsse noch erweitern werden, lohnt keiner Spekulation. Technisch gibt es dafür jedenfalls keine Grenzen .

Es bedarf zum anderen auch nicht mehr einer bestimmten Software, die für die neue Art der Kommunikation eingesetzt wird. Die mit beliebigen Systemen erzeugten Daten können ohne Rücksicht auf ihre Herkunft verschickt und gelesen werden. Lediglich wenn sie in ihrem Originalformat empfangen werden müssen, ist die Installation entsprechender Software auf beiden Seiten erforderlich.

Die Technologie des Internet beruht auf sehr einfachen Standards, die viele Austauschformate und Übertragungsprotokolle

proprietärer Plattformen auf einige wenige, allgemein anerkannte
haben zusammenschrumpfen lassen.

Über Java oder HTML-Programmierung lassen sich kleine Applikationen schreiben, die selbst den Zugriff auf und die Verarbeitung von Informationen zulassen, wenn die Originalsysteme
nicht installiert sind.

So kann der Bankkunde über Online-Banking per Internet sein
Konto öffnen, Überweisungen oder Umbuchungen vornehmen
und Daueraufträge festlegen. Auf welcher Software die Bank arbeitet, muss ihn nicht interessieren. Die Verbindung zu dieser
Software, die Verfügbarkeit der dort gespeicherten Daten erfolgt
über ein Java-Applet oder über ein HTML-Programm.

In erstaunlichem Tempo entstehen solche Programme auch im
Umfeld des Engineering, um den Informationsaustausch weiter zu
vereinfachen und selbst hochkomplexe Daten für jedermann zugänglich zu machen.

Ein gutes Beispiel hierfür sind die so genannten Viewer. Sie erlauben die Visualisierung selbst kompliziertester 3D-Modelle,
ohne dass der Betrachter das System installiert haben muss, mit
dem sie erzeugt wurden. Und mehr und mehr sind sie sogar in der
Lage, wahlweise mit den Daten unterschiedlicher Programme umgehen zu können.

Wenn jeder beliebige Informationen über das Internet beziehen
und verteilen kann, warum sollte dies nicht gerade in einem Gebiet
wie dem Engineering genutzt werden, wo doch die Informationstätigkeit eine absolut vorrangige Bedeutung hat? Warum sollte
dort, wo die Grenzen der Unternehmensorganisation durch die
Unzulänglichkeiten vorhandener Informationskanäle bestimmt
sind, die angebotene Grenzöffnung nicht angenommen werden?

Als ich vor einem Jahr begann, bei Vorträgen vor Ingenieuren
und Konstrukteuren die Anwesenden um Handzeichen zu bitten,
wenn ihr Arbeitsplatz über einen Internetzugang verfügte und
wenn sie das Internet für ihre Aufgaben auch tatsächlich einsetz-
ten, war das Ergebnis: Nicht einmal zehn Prozent waren vernetzt,
und nicht einmal fünf Prozent taten etwas anderes damit als e-
Mails zu versenden und zu empfangen.

Nur ein halbes Jahr später hatte sich die Situation radikal verändert. Jetzt waren es etwa 90 Prozent, die über einen Anschluss
verfügten, und fast ebenso viele gaben an, ihn für ihre Ingenieurs-
aufgaben zu verwenden.

Durchschnittlich wird davon ausgegangen, dass etwa ein Viertel
aller Ingenieure zum Ende des Jahres 2000 vernetzt sind. Das ist im

Vergleich zur massenhaften Verbreitung etwa der CAX-Techno-
logien ein ungeheures Tempo, und es nimmt eher zu als ab.

Mehr als nur
Nachrichten
Schon der reine Informationsaustausch würde es rechtfertigen,
jeden Computer in der Industrie weltweit mit dem Internet zu
verbinden. Aber da die Information ja nur ein Vehikel ist, über das
alle Arten von Geschäft organisiert werden, geht der Nutzen weit
über den reinen Nachrichtenkanal hinaus.

Schon erwähnt wurden die Portale und Navigatoren, die das
Auffinden bestimmter Informationen erleichtern. Sie tun dies
mittlerweile so gut, dass der Anwender oft sehr viel schneller zum
Ziel kommt als mit herkömmlichen Methoden.

Schnelle Order
Verfügbare Dienstleister und deren Kapazität zu erkunden, ist
inzwischen eine Sache von Minuten und lässt sich kaum noch vergleichen mit dem beträchtlichen Aufwand, der für dasselbe Thema
unter Verwendung von Telefon, Auskunft und Adressbüchern
notwendig war. Immer häufiger lassen sich auch gleich die Bestel-
lungen mit erledigen, ohne auch nur einen Briefbogen eingespannt
zu haben.

Beziehungswechsel
Es entsteht eine Neuordnung der Beziehungen zwischen Kunden und Herstellern, zwischen Auftraggebern und Zulieferern,
zwischen Industrie und Dienstleistern. Wir stehen noch am Anfang, aber keiner würde heute noch bezweifeln, dass der Weg in
diese Richtung führt. Es hängt von den Beteiligten ab, welchen
Belag sie der Straße geben, wie sie ihn befahren und welche Art
von Ordnung am Ende steht.

Die Möglichkeiten der Web-Technologie gehen aber weiter.
Nicht nur das höchst informative Angebot von Diensten und Produkten und deren elektronische Bestellung ist möglich, sondern es
werden allmählich auch völlig neue Produkte und völlig neue
Dienstleistungen angeboten, die in dieser Form überhaupt erst
durch die neuen Technologien denkbar sind. Wenn auch manches
dabei an ähnliche Versuche zu Zeiten des Großrechners erinnert.

6.2
Application Service Providing

Wovon alle reden
Seit ein, zwei Jahren ist Application Service Providing (ASP) in
aller Munde. Damit ist generell gemeint, Softwareanwendungen
von fern zu bedienen.

Wenn Web-Technologie gestattet, beliebige Informationen
plattformübergreifend auszutauschen, warum soll es dann nicht
möglich sein, die Information für den Start einer Applikation auf

der einen Seite und die für ihre Bedienung auf der anderen Seite
der Verbindung abzuschicken? Es gibt auch keine technischen
Hindernisse, dies zu tun.

ASP bedeutet eine grundsätzlich neue Form der Computeranwendung. Auf dem eigenen Rechner muss nichts installiert sein
außer Internetzugang und Browser. Die eigentliche Anwendung
läuft auf einem Server, von dem der Anwender nicht einmal wissen
muss, an welchem Ort er steht, denn das Internet interessiert prinzipiell nicht, wo in der Welt sich die Beteiligten eines Informationsaustausches befinden. Die Ausführung des Programms findet
im Hintergrund statt, auf dem Gerät des Endanwenders gibt es
lediglich Ein- und Ausgabe.

Die Anwendung im Browser

Praktisch erfordert diese Art der Computerarbeit zunächst einen Provider, der die Applikation zur Verfügung stellt. Er muss
eine gut skalierbare Rechnerumgebung vorhalten, die genügend
Kapazitäten für eine große Anzahl von Kunden bietet. Er ist zugleich dafür verantwortlich, dass die Software gewartet wird und
ihre Funktion erfüllt. Möglicherweise fällt ihm sogar die Aufgabe
zu, die während der Laufzeit der Applikation erzeugten Daten für
den Kunden zu speichern und zu verwalten.

Wo die Verantwortung bleibt

Das klingt nach einer erheblichen Vereinfachung der Arbeit auf
Seiten des Endanwenders. Es muss also gute Gründe geben, warum
sich ASP nicht genauso rasch ausbreitet wie das Internet selbst,
und die gibt es in der Tat.

Betrachten wir die Sache zunächst einmal von der Applikation
her.

Heute auf dem Markt befindliche Software ist in der Regel für
die Installation und den Einsatz auf einem Arbeitsplatzrechner
oder in einer Client-Server-Umgebung entwickelt worden. Sie
nutzt die lokal vorhandenen Speicherkapazitäten und meist auch
die spezifischen Möglichkeiten von Betriebssystem und Grafik-Hardware, um größtmöglichen Komfort, beste Funktion und
höchste Performance bieten zu können.

Client/Server war das Netzwerk

Die Bedienungsoberfläche, also die Ein- und Ausgabe der Daten, ist dazu eng mit dem Kern und der gesamten Funktionalität
der Programme verbunden. Datenübertragung zwischen Rechnern
ist also nur in Ausnahmefällen erforderlich, erst recht solche zwischen unterschiedlichen Systemumgebungen. Während der Arbeit
befinden sich sowohl das Programm als auch die Daten normalerweise unmittelbar am Platz, mindestens aber auf einem Server im
selben Haus, auf den direkt zugegriffen werden kann, und bei dem
die Zahl der Zugriffe beherrschbar und übersichtlich ist.

Enge Verbindung

Application Service Providing verlangt eine Trennung zwischen dem ablaufenden Programm und dem Front-End zu seiner Bedienung. Eine Applikation muss also über einen Application Server auf der Anbieterseite und über einen Software-Client auf der Kundenseite verfügen.

Will man das mit den heutigen Programmen realisieren, so muss zumindest ein webfähiger Client entwickelt werden, der die Bedienung über das Internet gestattet. Generell wird sich vermutlich als Problem herausstellen, dass die Ausrichtung der Software auf den Einzelplatzrechner nicht so ohne weiteres auf den Einsatz per Fernbedienung umzustellen ist.

Fragen, deren Lösung sich auf Basis der bisherigen Computeranwendung eingespielt hat, müssen neu überdacht werden. Etwa: Der Konstrukteur, der sein CAD-Programm startet, greift dabei ständig auf die Festplatte zu, beispielsweise um Bauteile wieder zu verwenden, vorhandene Zeichnungen oder Modelle zu untersuchen oder Berechnungsergebnisse zu prüfen. Wie funktioniert das bei fernbedientem CAD-Einsatz?

Mit anderen Worten: Es ist nicht einmal mit der Neugestaltung der Software zum Zweck der Webfähigkeit getan. Die Arbeit über das Internet wirft auch Fragen auf, die sich bisher gar nicht gestellt haben.

Für die Rolle des Application Service Providers kommen eine Reihe von Unternehmensarten in Frage.

Der Softwarehersteller kann selbst zum Provider werden und seine Programme nicht nur als Produkt zum Verkauf anbieten, sondern auch über einen ASP Service zeitweise zur Verfügung stellen.

Die Schwierigkeit ist in diesem Fall, dass der Anbieter mit dem neuen Geschäft eine Konkurrenz zum herkömmlichen Lizenzgeschäft aufbaut. Seine Vertriebsmannschaft wird vermutlich von dieser Idee wenig begeistert sein. Niemand weiß auch, wie schnell mit ASP wie viel Umsatz zu machen ist, und welchen Umsatzrückgang dies im Produktgeschäft zur Folge haben wird.

Reine ASP-Firmen werden dieses Geschäft zu ihrer Kernkompetenz machen. Im Unterschied zum Hersteller können sie unterschiedliche Programme anbieten und dem Kunden Wahlmöglichkeiten bieten.

Ein typisches Beispiel ist die in Bremen Anfang des Jahres 2000 gegründete Firma workcenter. Über ihre Homepage kann der Kunde I-DEAS, aber auch Berechnungsprogramme etwa von MSC.Software mieten. Abgerechnet wird nach Nutzungsdauer, wobei die Art des gemieteten Systems unterschiedlich hohe Mietkosten impliziert.

Engineering-Portale sind ebenfalls geeignet als Schaltstellen, über die auch die unmittelbare Nutzung von Software möglich ist. So kann der Besucher von Web2CAD seit kurzem auch eine Projektverwaltungssoftware der Firma Tecoplan namens Xbrioso nutzen, auf die ich in einem späteren Kapitel noch ausführlich eingehe.

Selbst wenn der Provider identisch mit dem Softwarehersteller ist, entpuppt sich die Frage der Bezahlung dieses Dienstes als schwierig. So etwas hat es noch nicht gegeben, und alle bekannten Muster von Softwarelizenzierung versagen ihren Dienst, wenn man sie ohne weiteres auf ASP übertragen möchte.

Besonders problematisch wird es in den anderen Fällen. Hier stellt sich nicht nur dieselbe Frage, was man für die Mietnutzung einer Software verlangen kann, und was der Anwender dafür zu zahlen bereit ist, sondern eine Reihe weiterer Fragen:

Wer ist denn nun der Nutzer, der Endanwender oder der Provider? Wie oft und an wie viele Kunden darf der Provider eine vom Hersteller erworbene Lizenz vermieten, und wann ist er aufgefordert, zusätzliche Lizenzen zu erwerben? Welchen Anteil an den Mieteinnahmen kann der Hersteller für sich beanspruchen? Und auch dies: Wer ist bei Funktionsstörungen oder Problemen beim Einsatz haftbar zu machen, und wer ist für die Beratung und Unterstützung des Kunden zuständig.

Viele Fragen, auf die es jeweils eine Vielzahl möglicherweise passender Antworten gibt. Sie werden sich in den nächsten Jahren herauskristallisieren.

Auf der Seite der potenziellen Nutznießer dieser neuen Technologie sieht es noch wesentlich komplexer aus, und deshalb ist es auch wenig verwunderlich, dass hier dem Thema ASP mit größter Skepsis begegnet wird.

Der wichtigste Punkt ist vermutlich die Sicherheit. Wie kann garantiert werden, dass die Nutzung einer Applikation über das Internet keine ungebetenen Besucher anlockt, die erzeugte oder übertragene Daten kopiert? Nirgends außer im Bankgeschäft hat diese Frage vermutlich so hohe Priorität wie im Engineering.

Die Produktdaten und noch mehr die Entwicklungsdaten aus Konstruktion und Berechnung sind schließlich, wie wir gesehen haben, das eigentliche Kapital des Fertigungsunternehmens. Ihr Diebstahl öffnet der Konkurrenz Tür und Tor, um beispielsweise einen Entwicklungsvorsprung aufzuholen und dadurch schneller mit einem vergleichbaren Produkt auf dem Markt zu sein.

Behind the Firewall

Dies zu verhindern, haben die meisten Unternehmen, in jedem Fall die großen, eine so genannte Firewall installiert, die den unberechtigten Zugang zu den elektronischen Firmendaten unmöglich machen soll. Und um Internet-Technologie intern dennoch gefahrlos nutzen zu können, haben sie sehr schnell hinter diesen Schutzwällen Intranets errichtet, die ebenfalls unbefugten Zugang von externen Stellen abweisen.

Wie aber soll die Sicherheit der Entwicklungsdaten geschützt werden, wenn die Firewall überschritten wird auf dem Weg zum Application Service Provider?

Das nächste Kapitel beschäftigt sich eingehend mit einer möglichen Lösung dieses Problems. Aber klar ist, dass insbesondere für den Bereich des Engineering genau an dieser Stelle mit einer großen Hemmschwelle zu rechnen ist. Die Provider müssen darauf eine Antwort haben, und sie müssen den Nachweis führen können, dass ihre Lösung funktioniert.

Viel zu viel für die kleine Leitung

Ein weiterer Aspekt betrifft die Leistungsfähigkeit des ASP-Computing und ist nicht weniger kritisch. Jeder weiß, dass Applikationen, die im Engineering Verwendung finden, nicht nur mit großen Datenmengen, sondern vor allem mit anspruchsvoller, hochkomplexer und rechenintensiver Grafik umgehen können müssen.

Die Hochleistungsworkstation unter UNIX war nicht ohne Grund über rund 15 Jahre die Standardhardware. Vieles funktionierte lange Zeit gar nicht auf dem PC, vieles funktionierte zu langsam, vieles verursachte Abstürze, die Zeit und Nerven, und nicht selten wichtige und kritische Daten kosteten.

Performance entscheidet

Für die Arbeit des Konstrukteurs, Berechnungsingenieurs oder Formenbauers ist es keineswegs unerheblich, ob der Bildaufbau beim Laden eines 3D-Modells drei Minuten dauert oder sechs. Selbst Bruchteile von Zeiteinheiten können hier den Ausschlag für oder gegen Hard- oder Software geben. Performance ist eines der wichtigsten Leistungsmerkmale der benötigten Applikationen.

Auf dem Arbeitsplatzrechner und im Firmennetz kann diese Anforderung erfüllt werden durch zusätzliche Speicher oder Rechenkapazitäten oder durch den Wechsel von Hard- oder Software.

Bedenkenträger

Das Internet wird zwar immer schneller, aber reicht das für so komplexe Anwendungen, wie sie in diesem Bereich zum Einsatz kommen, aus? Die meisten Anwender von Engineering Software sind heute davon überzeugt, dass diese Frage auf absehbare Zeit abschlägig beantwortet werden muss. Unterstützung erfahren sie dabei von Seiten mancher Hersteller, die ebenfalls an der Lösbarkeit des Problems zweifeln. Manchmal freilich nur, weil sie hoffen, möglichst lange den Umsatzträger Softwareprodukt gegen das neue Geschäft verteidigen zu können.

Hinsichtlich der verfügbaren Leistung ist aber zu erwarten, dass das anhaltende Tempo der Hardwareentwicklung und die rasch steigenden Übertragungsbandbreiten schneller zu befriedigenden Resultaten führen, als derzeit allgemein vermutet wird.

Neben diesen zentralen Hindernissen haben wir es bei der Einführung von ASP allerdings, wie bei allem Neuen, mit der Mentalität der Beteiligten zu tun.

So plausibel und verlockend es auch klingen mag: Arbeitserleichterung, Wegfall von Wartungs- und Update-Aufgaben, zielgerichtetere Anwendung und Bezahlung nur für die tatsächliche Nutzung, nicht für den Besitz einer Lizenz – die Furcht vor dem Unbekannten dürfte zumindest in unseren Breitengraden erst einmal siegen.

Es gibt einfach ein Gefühl der Sicherheit, die Applikation und die Daten auf dem Arbeitsplatzrechner zu wissen, an dem man nur mit dem persönlichen Passwort arbeiten kann. Während man sich mit der neuen Technik in die Abhängigkeit von Providern begibt.

Die Installation eines komplexen Softwarepaketes vermittelt auch so etwas wie Besitzerstolz und gibt der Bedeutung der Arbeit ein besonderes Gewicht. Das Mieten macht aus der Anwendung so etwas wie Leasing, und dabei geht bekanntlich das Empfinden verloren, dass es sich um etwas Eigenes handelt.

Wie auch immer die Hindernisse und noch ungelösten Aufgaben lauten, dass sich ASP in den nächsten Jahren einen festen Platz auch im Umfeld des Ingenieurs erobern wird, ist sicher.

Es wird anfangen in den Bereichen, wo die Applikationen klein und leicht an die neuen Anforderungen anpassbar sind. Es wird zunächst für das Unternehmen unkritische Anwendungen erfassen. Und es wird zahlreiche Services geben, die vor der Existenz des Internet gar nicht denkbar waren.

Bei Kapazitätsengpässen wird ASP jetzt schon von etlichen Firmen zur CAD/CAE-Anwendung genutzt. Über kurz oder lang wird im Fall jeder einzelnen Anwendung und unter Berücksichtigung der verfügbaren Angebote abgewogen werden müssen, ob die Installation und Lizenzierung sinnvoller und günstiger ist als der Service.

7 Das Netz neben dem Netz

7.1
Höhere Ordnung, wo sie erforderlich ist

Das Internet bietet in seiner archaischen Form eine Unmenge von Möglichkeiten. Für bestimmte, sehr kritische Aufgaben will sich die Industrie aber mit diesem Chaos nicht zufrieden geben.

Die Automobilindustrie verfügte mit EDI bereits lange Jahre über einen Standard für den Austausch von elektronischen Daten, der aber in Form eines Netzwerks jeweils zwischen einem Hersteller und seinen Partnerfirmen realisiert wurde.

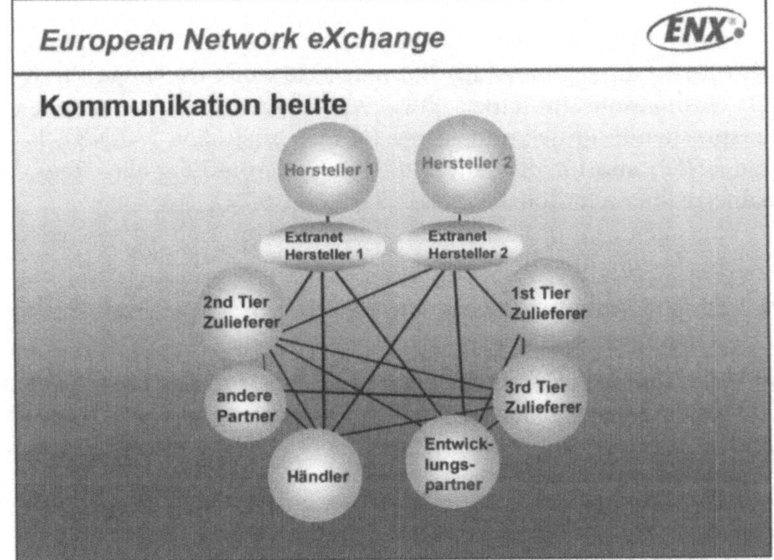

Mit der Technologie des Internet, basierend auf demselben Transferprotokoll TCP/IP, gingen zuerst die amerikanischen Konzerne an den Aufbau eines einheitlichen Netzes unter der Bezeichnung Automotive Network Exchange (ANX), das seit Ende 1998 produktiv genutzt wird.

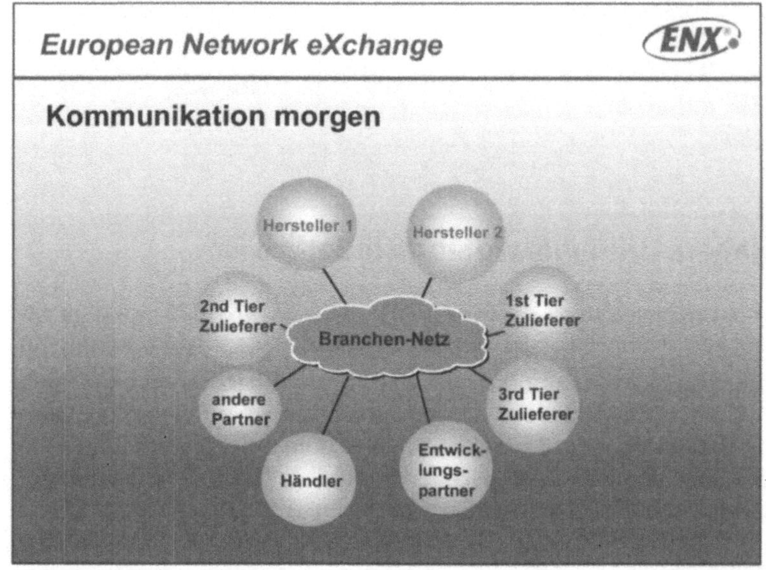

Im Sommer 1999 zog die deutsche Industrie nach, und seit Ende desselben Jahres gibt es das European Network Exchange (ENX) als europaweite Initiative. Etwa zur gleichen Zeit entstanden entsprechende Projekte in Korea (KNX), Australien (AANX), Japan (JNX), und für das Jahr 2001 ist die Verbindung aller Regionalnetze über ein Global Network Exchange (GNX) geplant.

Vor allem in drei Punkten unterscheidet sich dieses neue Netzwerk vom öffentlich zugänglichen Internet:

■ Es gibt Verantwortlichkeiten für die garantierte Qualität der Datenübertragung.

■ Die Geschwindigkeit entspricht den hohen Ansprüchen insbesondere beim Austausch von Engineering Daten.

■ Das Netz bietet allen Beteiligten ein hohes Maß an Sicherheit.

Im Internet ist jeder erreichbar, und jede Nachricht erreicht ihr Ziel. Auf welchem Wege sie das tut, weiß niemand, und es braucht auch niemanden zu interessieren. Weltweit warten Router auf Daten und schleusen sie durch das unübersehbare Dickicht von

Telefonleitungen und anderen Kabeln. Sie finden stets einen weiteren Router, der die Information weiterleitet, bis sie ihr deklariertes Ziel erreicht hat. Das muss nicht die kürzeste Verbindung sein. Die Strecke von Frankfurt nach Würzburg kann über Hongkong, Moskau und Stockholm führen. Ziemlich sicher ist, dass sie ankommt, und immer mehr Menschen gehen im elektronischen Briefverkehr schon wie selbstverständlich davon aus, dass dies zutrifft.

Die Verbindung ist alles, die Leistung zweitrangig. Ob eine Email innerhalb von zwei Minuten oder erst nach zwei Stunden am Ziel auftaucht, ist für den Erfolg des Systems nicht ausschlaggebend.

Niemand behauptet etwas anderes. Kein Provider wird hier die Verantwortung für exaktere Bedingungen und klar definierte Antwortzeiten übernehmen, weil er es gar nicht kann. Seine Garantien gelten für das letzte Stück des Netzwerks hin zum Kunden. Der Rest des Internet entzieht sich jeglicher Kontrolle. *Begrenzte Zuständigkeit*

Für Daten, von denen der Umsatz und die Existenz eines Fertigungsunternehmens abhängen können, ist das nicht nur nicht ausreichend sondern ziemlich inakzeptabel.

Quelle: ENX

Der erste Schritt zum Aufbau einer qualitativ hochwertigeren Verbindung muss also darin bestehen, Verantwortliche zu finden, die solche Qualität garantieren können.

An Stelle des unkontrollierten Routing treten deshalb im ENX Schaltstellen von Providern, die von der ENX-Association zertifiziert werden. Dieser Prozess läuft seit Februar 2001 auf einer neuen Stufe, die nun die Basis für nochmals erweiterte Funktionalität und Qualität von ENX-Leistungen in Europa gewährleistet. France Telecom, British Telecom und Telia sind bereits in diese Zertifizierung eingetreten, und wenn Sie dieses Buch in der Hand haben, sind bereits eine Reihe weiterer Anbieter im europäischen Raum eingebunden.

Das Backbone des ENX ist also nicht das Leitungssystem des Internet mit seinen Routern, sondern ein System von Schaltstellen der Provider, die die Verbindung zwischen den Beteiligten herstellen. Und die Provider sind der Ansprechpartner bei allen Fragen, die mit der Gewährleistung und Funktionalität des Netzes zu tun haben.

Im World Wide Web kursieren gewisse Zahlen, die die Bandbreite und Geschwindigkeit der Datenübermittlung betreffen. Es handelt sich dabei immer um Maximalangaben. Ob das Modem 56 Kb/s ermöglicht, ob die ISDN-Leitung 115.200 b/s nennt – gemeint sind immer die maximal möglichen Leistungen.

Tatsächlich kann das öffentliche Netz aus den genannten Gründen nur in seltenen Ausnahmefällen an diese Leistung herankommen. Die wirkliche Übertragungsrate beträgt in der Regel lediglich 10 Prozent des angegebenen Maximums.

Im ENX dagegen kann der Teilnehmer eine für seinen Bedarf passende Leistung bestellen, und der Provider garantiert ihm einen Nettodatendurchsatz von mindestens 60 Prozent und eine Verfügbarkeit des Netzes von 98 Prozent, niemals darunter.

Es sind gerade die 3D-Daten der Produktentwicklung, die solche Leistungsgarantien benötigen. Vor der Einrichtung des neuen Netzwerkes, so berichtet beispielsweise der Leiter des ENX-Projektes, Frank Neugebauer von DaimlerChrysler, wurden in diesem Unternehmen die Nachtfenster für bestimmte Batch-Jobs zur Übertragung zu klein. Um Gigabytes durch die Leitung zu schicken, waren die Nachtstunden nicht mehr ausreichend.

Noch schlimmer als die Dauer des Transfers ist freilich die Auswirkung einer Unterbrechung, deren Gefahr natürlich umso größer ist, je mehr Zeit der Vorgang in Anspruch nimmt. Mit der ENX-Verbindung sind entsprechende Aufgaben innerhalb weniger Stunden problemlos erledigt, und ein unfreiwilliger Abbruch ausgeschlossen.

Dabei handelt es sich um ein Virtual Private Network (VPN). Alle Beteiligten sichern sich und ihre Partner durch die Verwendung eines Zugangs über den Internet Standard IPSecurity (IPSec). 168 Bit-Verschlüsselung aller übermittelten Daten machen es jedem Unbefugten unmöglich, sie zu lesen und zu entziffern.

Gleichzeitig müssen sich Sender und Empfänger als berechtigt ausweisen, was durch eine Authentifizierung per Zertifikat geregelt wird. Diese Zertifikate werden von einem anerkannten Trust Center ausgestellt, überprüft und überwacht. Die IPSec-Gateways jedes einzelnen Netzzugangs implementiert der Provider.

Obwohl also öffentliche Leitungen und die Basistechnologie des Internet verwendet werden, schafft das Netz im Netz eine Sicherheit, wie sie früher nur durch individuell betriebene Standleitungen gewährleistet werden konnte.

Im Unterschied zum öffentlichen Internet sieht hier nicht jeder jeden, und nicht jeder kann auf alles zugreifen. Nur der Berechtigte hat unmittelbar Kontakt zu einem anderen, gleichermaßen ausgewiesenen Berechtigten, und ihre Daten sind für jeden anderen unkenntlich.

Die Kostenstruktur ist so ausgelegt, dass der Preis für das angeschlossene Unternehmen bereits ab einem gewissen Mindestvolumen zu übertragender Daten niedriger liegt als bei heute üblichen Punkt-zu-Punkt Verbindungen über ISDN

European Network eXchange — ENX

ENX-Preise

Die genannten Preise sind eine unverbindliche Auswahl von Marktpreisen in einzelnen Regionen Europas.

	64 KB	128 KB	512 KB	2 MB
Dial Service	50 € +3c/per minute	250 € +3c/per minute		
Basic Service		1000 €	2000 €	
Premium Service		1200 €	2500 €	3500 €

Die Bandbreite reicht von 68 Kb/s bis 34 Mb/s, und es gibt verschiedene Leistungsklassen, deren jeweilige Mischung aus Übertragungsleistung und angebotenem Service die Kosten bestimmt. Mittlerer Service in Verbindung mit einer 128 Kb/s kostet beispielsweise 1000 Euro pro Monat, eine Hochleistungsverbindung mit 2 Mb/s ist für 3500 Euro zu haben.

Die Vorteile für die Industrie sowohl gegenüber dem öffentlichen Internet als auch gegenüber erweiterten Firmennetzen sind offensichtlich. Während bei Extranets jeder Hersteller für seine Verbindung mit den Partnern selbst verantwortlich ist, übernehmen diese Verantwortung hier die Provider. Während bei Extranets jedes Rad immer wieder neu erfunden werden muss, nutzen hier alle dieselbe Technologie, dasselbe Protokoll, dieselben Schaltstellen.

Darüber hinaus ist selbstverständlich der Zugriff auf die Fülle des Internet Angebotes aus ENX heraus möglich. Frank Neugebauer ist sich sicher, dass beide Netze gerade durch dieses Nebeneinander eine Synergie bieten, die für alle Beteiligten den größten Nutzen bietet und die deshalb auch ziemlich rasch zum Standard avancieren dürfte.

Jedes Unternehmen wird künftig für eine Vielzahl von Anwendungen, für den generellen Datenaustausch und zur Abwicklung einfacher Geschäfte des e-commerce an das Internet angeschlossen sein. Aber alle unternehmenskritischen Applikationen und Kommunikationsabläufe erfordern die Qualität, Leistung und Sicherheit des Virtual Private Network.

In Europa gibt es Ende 2000 rund 200 registrierte ENX-Anschlüsse. In Deutschland sind es zu diesem Zeitpunkt 150, von denen etwa 100 bereits produktiv eingesetzt werden. Allein DaimlerChrysler nutzt das Netz derzeit mit circa 20 Partnern. Rund 60 Prozent aller Anwendungen in der Automobilindustrie entfällt auf den Bereich Engineering.

In England werden etwa 20 produktive Anschlüsse gezählt, in Frankreich 30. Auch in diesen Ländern ist die Zahl größer, wenn man die Pilotkunden hinzuzählt.

Insbesondere die Möglichkeit der globalen Vernetzung durch die Kopplung der einzelnen Regionen zum Global Network Exchange wird dem Netzwerk in der internationalen Automobilindustrie zum Durchbruch verhelfen.

In den USA steht übrigens ANX inzwischen nicht mehr für Automotive, sondern für Advanced Network Exchange. Die Kfz-

Industrie war zwar Wegbereiter, aber es ist sehr wahrscheinlich, dass die eingesetzte Technologie ganz allgemein und weltweit von der Fertigungsindustrie und vielen anderen Bereichen der Wirtschaft übernommen wird.

Wer ist heute Automobilzulieferer? Zu den Großen zählen Firmen wie Bosch oder Siemens, deren gesamte Produktpalette aber bekanntlich auch ganz andere Erzeugnisse umfasst. Hersteller von Kunststoffteilen beziehen wiederum ihr Material von Firmen, die sich unter anderem auf Erdöl beispielsweise aus den arabischen Staaten stützen. Automobilzulieferer im engeren Sinne sind sie genauso wenig wie die Silizium Mine in Finnland, und doch sind sie letztlich Glieder der Kette.

Keine Extrawurst

Es wird wahrscheinlich keine Notwendigkeit geben, weitere Netze einzurichten. Schon heute sind in den USA selbst Teile des Gesundheitswesens, zum Beispiel die Versorgung des Großraums Detroit, angeschlossen.

Auch in Europa, wo 16 Automobilhersteller und große Zulieferer sowie vier Verbände der kleinen und mittelständischen Industrie das Projekt ins Leben gerufen haben, gibt es keinerlei Ambitionen, irgendeinen Wirtschaftsbereich auszuklammern. Im Gegenteil: Je mehr sich diese Technologie durchsetzt, desto besser werden sich Informationsgeschäfte aller Art darüber abwickeln lassen.

Jeder ist willkommen

7.2
Auf dem Weg zum virtuellen Entwicklungsteam

Mit ENX hat der Anwender nicht nur die Möglichkeit, sicher und schnell Daten mit seinem Partner auszutauschen. Das Angebot geht bereits jetzt weit darüber hinaus.

In der abgeschotteten Umgebung des Virtual Private Network können beispielsweise Teilnehmer an einem Engineering Projekt Konferenzen abhalten, in denen alle auf dieselben Daten Zugriff haben.

Konferenz mit Modell

Die Automobilhersteller selbst stellen eigene Anwendungen zur Verfügung, um die Zusammenarbeit zu intensivieren. Denkbar ist auf diese Weise ein gewisser Level gemeinsamen Datenmanagements oder der firmenübergreifenden Regelung von Freigabeprozessen.

Auch Application Service Providing bekommt in dieser Umgebung eine ganz andere Bedeutung. Hohe Leistung und sichere Verfügbarkeit genügender Bandbreiten lassen die Nutzung von Engineering Software in realistischem Licht erscheinen. Jeder

Schubkraft für ASP

Softwareanbieter, jeder ASP-Dienst kann sich über dieselben Wege wie der Endanwender als Teilnehmer in das Netzwerk einbinden und hier seine speziellen Netzwerkdienste verfügbar machen.

Damit steht ein Netz zur Verfügung, das in Verbindung mit dem Internet praktisch alle Arten von Informationsgeschäft erlaubt. Was fehlt, sind weitere Standards, die über den reinen Austausch von alphanumerischen oder grafischen Daten hinausgehen.

Mit XML ist die Gemeinschaft der Internet-Anwender dabei, hier einen großen Schritt nach vorn zu machen. XML steht für eXtended Markup Language. Es erweitert die Hypertext Markup Language (HTML) um die Fähigkeit, bestimmte Eigenschaften von Dateien automatisch zu erfassen, und bestimmte Elemente aus übertragenen Dateien automatisch herauszufiltern und zu verarbeiten.

Das Ziel ist in erster Linie, die Abwicklung vollständiger Geschäftsprozesse auf elektronischem Wege möglich zu machen. Deshalb gibt es eine Reihe von XML-Projekten, die jeweils auf konkrete Spezialgebieten ausgerichtet sind. Es wird in naher Zukunft vermutlich auch eine große Reihe von XML-Standards geben, die jeweils branchenspezifische Abläufe unterstützen.

aecXML ist zum Beispiel ein Standard, der 1999 von Bentley Systems initiiert wurde, und den mittlerweile Hunderte von Firmen verwenden, wo es um die Abwicklung von Bauprojekten oder die Projektierung von Anlagen geht.

Völlig andere Besonderheiten haben das Gesundheitswesen, der Straßenbau, Banken und Versicherungen oder die Luftfahrt. Dennoch wird es auch branchenübergreifende Standards geben. So ist die Automobilindustrie im Projekt COVISINT dabei, weltweit ein Prozessmanagement zu standardisieren, das es erlaubt, beispielsweise gemeinsame Beschaffungsmaßnahmen von Werkzeugen oder Möbeln zu organisieren.

Internet, Extranet, GNX und XML bieten die Grundlage, auf der die Wirtschaft ihre Gestalt in absehbarer Zeit verändern wird. Die virtuelle Welt wird sich mit Leben füllen. Die Einfachheit des Informationsaustausches ermöglicht selbst dem Einzelunternehmen oder Kleinbetrieb die Durchführung von Geschäften, für die früher eine ausgewachsene Firmenstruktur und eine hochkomplexe Organisation notwendig waren.

Kleine Firmen werden sich mit freiberuflichen Dienstleistern zu virtuellen Teams zusammenschließen können. Ihr Angebot muss sich nicht einmal wesentlich unterscheiden. Die virtuelle Zusammenarbeit aber wird neue Bedingungen und Regeln setzen, nach denen künftig beurteilt wird, was wirtschaftlich und wettbewerbsfähig ist und was nicht.

Schub fürs Outsourcing

Und sollte sich dabei herausstellen, dass für gewisse Geschäftsprozesse eine Organisation in festen Unternehmen nicht mehr erforderlich ist, dann wird es sich bald niemand mehr leisten können, diese Prozesse weiterhin im Hause zu halten.

Und damit kommen wir zu der Frage zurück, die eingangs gestellt wurde: Wir wird die Wirtschaft künftig aussehen, wenn das Informationsgeschäft sich weitgehend vom Gütergeschäft abkoppelt? Wie wird Gütergeschäft und Informationsgeschäft organisiert sein, wenn beide ihren eigenen Regeln folgen?

8 Die Industrie fürs Informationsgeschäft

8.1
Die Branche der Engineering Software

Wenn wir verstehen wollen, wie sich die Verselbständigung des Informationsgeschäftes innerhalb der industriellen Produktentwicklung und generell innerhalb der Fertigungsindustrie auswirkt, dann müssen wir uns gleich mit zwei eigenständigen Industrien beschäftigen.

Was ursprünglich in den Forschungsabteilungen der Unternehmen und Universitäten entstand, ist heute zum Umsatzträger einer etablierten Industrie geworden. Da die Informationstätigkeit sich in nahezu allen Bereichen der Gesellschaft und Wirtschaft zu einem Geschäft von zentraler Bedeutung entwickelt hat, ist die Softwareindustrie ebenfalls eine Branche, die alle Anwendungsfelder umfasst.

Weil diese Firmen die Technologie und die Produkte liefern, die mit die wesentlichen Triebkräfte für die Veränderungen in der Fertigungsindustrie darstellen, ist es sinnvoll, zunächst zu untersuchen, wie sich die IT-Revolution hier auswirkt.

Die einzelnen Teile der Softwareindustrie sind so unterschiedlich wie die Anwendungen, die sie unterstützen. Die Bedeutung der Information innerhalb der Fertigungsindustrie, speziell die Bedeutung der eigentlichen Produktdaten, ihrer Geometrie und der Verfahren zu ihrer Fertigung, spiegelt sich wieder in der Herausbildung einer speziellen, von allen anderen Softwarebereichen verschiedenen Sparte von Firmen, die sich auf Software für das Engineering konzentrieren.

In Deutschland drückt sich das beispielsweise aus im lockeren Zusammenschluss der wichtigsten Hersteller aus diesem Bereich zum CADcircle, der seit 1995 als Interessengemeinschaft fungiert.

Die Zusammensetzung dieses Kreises bringt sehr gut die Entwicklung der Branche selbst zum Ausdruck. Es begann mit den Anbietern von CAD-Systemen für die mechanische Konstruktion. Dann kamen verwandte Anwendungsfelder wie Architektur-CAD und E-CAD hinzu. Seit einiger Zeit sind auch die Themen PDM, Berechnung/Simulation und Virtual Reality integriert.

Heute finden sich neben diesen Herstellern von Standardsoftware auch Firmen, die entweder reine ASP-Anbieter sind oder sich auf das Angebot von Portal oder Marktplatz im Umfeld des Engineering konzentrieren.

Seit etwa zwei Jahren verzeichnet die Branche eine deutliche Verschiebung des Umsatzes weg vom reinen Produktgeschäft hin zu Service und Beratung. Nicht nur, aber derzeit vor allem in Sachen Datenmanagement. Gleichzeitig schrumpft die Zahl der Unternehmen, die Standardsoftware herstellen, dramatisch zusammen.

Beides ist Ausdruck der Tatsache, dass diese Software mittlerweile einen gewissen Reifegrad erreicht hat und aus den Kinderschuhen heraus ist.

Die anwendende Industrie ist weitgehend mit entsprechenden Systemen ausgerüstet. Neukunden können also fast nur noch durch die Verdrängung von Wettbewerbern gewonnen werden. Dass dabei die guten Produkte und die kräftigsten Unternehmen siegen und die Luft für die anderen immer dünner wird, ist ein ganz normaler Vorgang, den jede Industrie kennt.

Das erstgenannte Phänomen, dass der Produktumsatz im Vergleich zum Servicegeschäft zurückgeht, hat aber auch noch andere Gründe.

Standardsoftware ist heute so allgemein nutzbar und bietet so viele Funktionalitäten, dass sie fast alle Bereiche der Produktentwicklung erfasst hat. Jeder hat CAD, fast überall werden Neukonstruktionen in 3D realisiert, und selbst Berechnung und Simulation sind heute schon fast Themen, bei denen man von Massenanwendung reden kann. Ähnliches gilt für den Bereich CAM, also die Ansteuerung von Fertigungsmaschinen auf Basis von CAD-Daten.

Die bloße Tatsache der Installation und Verwendung dieser Werkzeuge kann also nicht mehr genügen, um sich vom Mitbewerber zu differenzieren. Innovation, die nur auf diesen Technologien beruht, ist inzwischen nichts Besonderes, sondern allgemeiner Standard und wird erwartet. Darunter geht nichts mehr.

Die Folge ist, dass der Wettbewerbsvorteil auf anderen Feldern gesucht wird. Eines davon ist mit Sicherheit das Produktdatenmanagement. Die elektronische Erfassung und Verwaltung erzeugter Daten beinhaltet ein Rationalisierungspotenzial, das nicht unterschätzt werden sollte. Die Einführung und Anpassung von PDM-Systemen aber führt zu einem wesentlich höheren Bedarf an Beratung und Unterstützung als CAD, CAM oder CAE.

Das zweite Feld ist noch wesentlich größer und nicht so einfach zu beschreiben. Wenn jeder über vergleichbare Standardsoftware verfügt, dann kann eine Differenzierung nur in Gebieten gefunden werden, die nicht mit Hilfe von solchen Systemen zu realisieren sind. Und das führt zu einem neuerlichen Bedarf an Spezialsoftware, die entweder mit externer Unterstützung im eigenen Haus, oder aber im Auftrag beim Softwarehersteller entwickelt wird.

Dabei kann es sich sowohl um völlig neue Anwendungsthemen als auch um betriebsspezifische Zusätze für vorhandene Lösungen handeln. Wichtig ist, dass sonst (noch) niemand über eine solche Software verfügt.

8.2
Objekte der Information

Die Entwicklung auf Seiten der Softwareindustrie kommt diesen Anforderungen sehr entgegen. Lange ist es her, dass man bestimme Programme nur auf einer bestimmten Hardware oder auf einem besonderen Betriebssystem nutzen konnte. (Auch wenn die extreme Verbreitung von Microsoft Windows selbst im Engineering teilweise und vorübergehend wieder zu einem Neuerwachen solcher proprietären Systeme geführt hat.) Grundsätzlich ist es dem Softwareentwickler längst gleichgültig, auf welchem Rechner seine Applikationen schließlich laufen. Und dem Anwender ebenfalls.

Noch wichtiger als die Hardwareunabhängigkeit von Programmen – übrigens auch ein nettes Beispiel für die Verselbständigung des Informationsgeschäftes – ist aber etwas ganz anderes: Einzelne Funktionen innerhalb einer Applikation werden nämlich auch immer unabhängiger von der eigenen Softwareumgebung.

Objektorientierte Programmierung hat sich im Software-Engineering als Standard durchgesetzt. An die Stelle von Funktionen und Subroutinen treten Objekte und Komponenten. Das hat den Charakter der Software, ihre Fähigkeiten und Eigenschaften sehr verändert, auch wenn es für den Endanwender kaum sichtbar ist.

Der Unterschied liegt – vereinfachend gesagt – darin, dass frühere Programme in sich abgeschlossen waren, während objektorientierte dies nicht mehr sein müssen. Man kann sich das ganz gut veranschaulichen, wenn man versucht, die Software des Betriebssystems Windows selbst zu erfassen. Statt einer übersichtlichen Reihe von Dateien, die jeweils einer größeren Aufgabe wie dem Löschen oder Bilden von Directories dienten, findet man jetzt in zahllosen Verzeichnissen Tausende winzigster Dateien, eben Objekte, die jeweils auch nur eine sehr kleine Aufgabe zu erfüllen haben.

An der Oberfläche führt das zu einer Vereinfachung der Bedienung, denn beispielsweise das Auslösen eines Druckvorgangs geschieht nun überall mit demselben Objekt, seine Darstellung kann dieselbe sein, und selbst die Tasten der Maus werden von diesem Objekt immer gleich interpretiert. Gleichgültig aus welchem Programm heraus der Aufruf erfolgt, oder ob die Aktivierung auf der Ebene des Betriebssystems stattfindet.

Der größere Vorteil kommt allerdings dem Entwickler von Software zugute:

- Klassen und Bibliotheken von ausgetesteten, sicher funktionierenden Objekten lassen sich sehr schnell und bequem für eine neue Anwendung zusammenbauen.

- Einmal realisierte Bausteine sind leicht wieder zu verwenden.

- Die Wartung von Applikationen wird extrem vereinfacht, da Änderungen an einer einzelnen Komponente keine weitreichenden Auswirkungen auf die Gesamtanwendung haben.

- Die Programme werden übersichtlicher und leichter verständlich auch für Softwareingenieure, die nicht an ihrer Erstellung mitgewirkt haben.

- Da sich die objektorientierte Programmierung auch auf die Werkzeuge der Softwareentwicklung erstreckt, lassen sich heute oft Programme erzeugen, ohne nur eine einzige Zeile Code über die Tastatur einzugeben. Mausklick und Drag & Drop sind auch für viele Entwickler die wichtigsten Aktionen geworden.

Das Internet ist die Kraft, die diesen Prozess noch einmal um Faktoren beschleunigt. Auch Objektklassen unterschiedlicher Programmiersprachen und Anwendungsbereiche werden weltweit jedermann zugänglich. Die Redundanz von Objekten wird nicht nur beim einzelnen Softwareunternehmen unnötig. Über Firmen-

und Ländergrenzen hinweg können dieselben Bausteine für beliebige Zwecke genutzt werden.

8.3
Die neue Rolle der Softwareindustrie

Die beschriebenen Tendenzen verändern die Branche der Softwarehersteller insgesamt und grundsätzlich. Die Veränderung äußert sich vor allem in vier Punkten: der sinkenden Bedeutung des Produktgeschäftes mit Standardsoftware; der zunehmenden Interoperabilität unterschiedlichster Systeme; der Zunahme der Softwareentwicklung auf Anwenderseite; und in der wachsenden Bedeutung des Angebotes von Software über ASP. *Die vier großen Veränderungen*

8.3.1
Eine Handvoll Standardsoftware

Die Bereinigung der Branche von Engineering Software Anbietern ist noch nicht abgeschlossen. Das Resultat lässt sich dennoch bereits am Horizont erahnen.

Für die Entwicklung umfassender und allgemein einsetzbarer CAD/CAM/CAE und PDM Systeme ist heute ein industrielles Unternehmen mit mehreren tausend Mitarbeitern erforderlich. Die Beispiele Autodesk, Dassault Systèmes, Parametric Technology oder Unigraphics Solutions weisen den Weg. *Standard verlangt Größe*

Aus Hunderten von Anbietern vor fünfzehn Jahren ist eine starke Handvoll ausreichend starker Firmen übriggeblieben. Die Unterscheidung der einzelnen Systeme liegt in den Schwerpunkten der Anwendung und im Umfang der Funktionalität, die wiederum nur ein Abbild der Komplexität der jeweils am besten unterstützten Prozesse in der Fertigungsindustrie darstellen. *Auslese*

Reine 2D-Zeichnungserstellung wird vollständig verschwinden. Selbst ausgeklügelte Zusatzprogramme auf Basis etwa von AutoCAD reichen für die Ansprüche der Konstruktion nicht mehr aus. Nach der Übernahme von Genius folgte die Aufgabe dieses Entwicklungsbereiches. Mit AutoCAD verlässt der größte und wichtigste 2D-Hersteller das Feld und konzentriert sich mehr und mehr auf das Angebot preisgünstiger 3D-Applikationen. *2D stirbt schneller*

Der wichtigste Unterschied zwischen den so genannten Midrange und den High-End Produkten, der sich weiterhin auch in deutlichen Preisunterschieden festmacht, liegt vorwiegend in zwei Merkmalen: die Mittelklassesysteme bieten nur schwache Unter- *Komplexität kostet* stützung komplexer Freiformflächen, und ihr Einsatz ist eher auf einfache Engineering Aufgaben beschränkt. Die Großen dagegen verfügen über ausgefeilte Hybridmodelle und unterstützen selbst komplexeste Entwicklungsprozesse in allen Stadien.

Daneben wird es freilich auch weiterhin eine große Zahl von kleineren Standardsystemen geben, die sich jeweils auf eine bestimmte Nischenanwendung spezialisieren. Es entstehen sogar unzählige neue Standardpakete. Überall da, wo sich eine Anwendung verallgemeinern lässt, wird sie über kurz oder lang als fertige Software zur Verfügung stehen.

8.3.2
Das absehbare Ende der Abschottung

Die Notwendigkeit, alle Aufgaben innerhalb der Prozesskette mit einer einzigen Standardsoftware zu erledigen, nimmt ab. Sie war in erster Linie begründet in den proprietären Datenformaten, mit denen jede Applikation sich von der anderen absetzte, und die den Datenaustausch zum großen Problem machten.

In den letzten Jahren sind eine Reihe systemneutraler, reduzierter Datenformate entstanden. Sie ermöglichen die Visualisierung und anderweitige Nutzung von Produktdaten, die mit nahezu beliebigen Applikationen erzeugt wurden. Für viele Zwecke sind diese Formate sogar günstiger, denn sie verbrauchen weniger Speicherplatz und damit natürlich auch weniger Zeit zur Übertragung, beispielsweise über das Internet.

Gleichzeitig sorgt die Durchsetzung objektorientierter Programmierung für eine Zergliederung der riesigen, monolithischen Applikationen in kleine Komponenten, die vielfältig einsetzbar sind. Darüber hinaus ist es inzwischen ein Leichtes, selbst alte und nicht objektorientierte Software mit einer Hülle zu versehen, die sie nach außen wie ein Objekt nutzen lassen.

Die gleichzeitige Verwendung von Software unterschiedlicher Herkunft wird einfacher.

Die Bindung des Kunden wird deshalb immer weniger aufgrund proprietärer Datenstrukturen möglich sein. Interoperabilität wird stattdessen zum wichtigen Kriterium einer Systementscheidung.

8.3.3
Wo der Konstrukteur zum Softwareingenieur wird

Die Vereinfachung der Programmierung, die wachsende Interoperabilität und die Notwendigkeit für das Fertigungsunternehmen, sich abseits von Standardwerkzeugen Wettbewerbsvorsprünge zu verschaffen, führen zu einer Neugeburt der Inhouse-Entwicklung.

Je spezieller ein Anwendungsgebiet und demnach die Applikation, die es unterstützt, desto geringer ist die Chance, dass ein Hersteller von Standardsoftware solche Programme liefern kann. Das Know-how, das hier benötigt wird, hat nicht so sehr Informatikcharakter. Es steckt in den Köpfen der Ingenieure des Fertigungsbetriebes.

Ach wie gut, dass keiner weiß

Je einfacher die Programmierung von Zusatzfunktionen oder ganzen Applikationen wird, desto eher kann der Anwender selbst sein Spezialwissen in die Form von Software gießen.

Dennoch wird er natürlich vielfältige Unterstützung benötigen. Professionelle Softwareentwickler werden ihm den optimalen Einsatz der Entwicklungswerkzeuge beibringen und ihm in der praktischen Umsetzung helfen.

Hilfe!

Einen besonderen Schwung bekommt auch dieser Trend durch das Internet. Die Möglichkeit, zum Beispiel Produktdaten oder Montageanleitungen über Browser verfügbar zu machen, ist ebenfalls eine Chance, sich gegenüber dem Wettbewerber abzusetzen.

Fenster zum Markt

So könnte ein Hersteller von Möbeln, die auf einem Baukastenprinzip beruhen, auf seiner Homepage nicht nur eine grafische Auswahl aus seiner Produktpalette bieten, sondern dem Heimwerker über Explosionsdarstellungen oder Videoclips sogar die Anleitung liefern, in welcher Reihenfolge welche Teile montiert werden. Und er könnte dem Interessenten ermöglichen, seine gewünschte Variante erst einmal auf dem Bildschirm zu konfigurieren, zusammenzubauen, bevor er sie bestellt.

Ach, so geht das!

8.3.4
Die Dienstleistung konkurriert mit dem Produkt

Schon mittelfristig wird Application Service Providing im Engineering eine bedeutende Rolle spielen. Sobald die Web-Fähigkeit der Software einen gewissen Reifegrad erreicht hat und die technischen Rahmenbedingungen ausreichend gegeben sind, wird ihre Nutzung für begrenzte Zeit – und ihre Bezahlung nur für diese Zeit

Bald kommt der Service auch zu Dir

– für die Industrie so selbstverständlich werden wie das Leasing von Firmenwagen.

Und so wenig wie das Leasing-Angebot den Verkauf von Fahrzeugen an den Endkunden völlig verdrängt hat, so wenig wird ASP – zumindest auf absehbare Zeit – die dauerhafte Installation und Lizenzierung von Engineering Software gänzlich aus der Welt schaffen.

Der Vorteil der festen Installation wird zum Beispiel überwiegen: wenn das Unternehmen sich Spezialisten leisten kann, die den größten Teil ihrer Aufgaben mit dem jeweiligen System realisieren; oder wenn die Prozesskette so komplex ist, dass ihre durchgängige Unterstützung und damit die Konsistenz der verwendeten Daten einen eigenen Wert darstellen.

ASP wird sich rasch seinen Platz erobern, wo die Funktionalität der Software nur zu bestimmten Zeiten gefordert ist, wo zusätzliche Möglichkeiten ohne hohe Investition genutzt werden können, oder wo die Kapazität der installierten Software für einen kurzfristigen Spitzenbedarf nicht ausreicht.

Aber neben dem Mietangebot der Standardsoftware wird ASP zahlreiche neue Anwendungsgebiete erobern, die durch diese Technik gerade erst möglich werden.

Von diesen Veränderungen wird kein einziges Unternehmen der Softwareindustrie verschont bleiben. Jedes wird für sich die richtigen Antworten auf diese großen Herausforderungen finden und seine Produkt- und Unternehmensphilosophie entsprechend daran ausrichten müssen.

9 Große Herausforderung für große Softwareanbieter

IBM Product Lifecycle Management Solutions (PLM) heißt seit etwa einem Jahr der Bereich des Computergiganten, der sich mit der Fertigungsindustrie beschäftigt. Zuvor hatte er den Namen Engineering Solutions getragen. Der Namenswechsel bringt ziemlich gut zum Ausdruck, welchen Anforderungen sich IBM gegenüber sieht: Das Engineering ist nicht mehr alleiniger Fokus, sondern muss als einer der Kernprozesse des Gesamtunternehmens in der Fertigungsindustrie gesehen werden.

Prozesszyklus

Obwohl es sich eher um einen der kleinen Teile des Konzerns handelt – innerhalb der Branche der Engineering Softwarehersteller zählt er zu den ganz Großen, und das nicht nur in Hinsicht auf die Anzahl der Mitarbeiter.

Kleiner Riese

Es gibt wohl keinen Mitbewerber, der eine ähnliche breite Produktpalette vermarktet, die sich für einen vergleichbar großen Kreis von Fertigungsunternehmen eignet.

Keine der im vorigen Kapitel genannten Herausforderungen, mit denen die Softwareindustrie insgesamt gegenwärtig konfrontiert ist, wird IBM unberührt lassen: Welchen Anteil am Umsatz wird hier künftig das Produktgeschäft haben, welchen die Dienstleistung? Welche Software muss künftig über ASP zur Verfügung gestellt werden, und welche neuen Dienste kann IBM hier bieten? Welche Technologien liefert das Unternehmen seinen Kunden, um die nächsten Schritte der informationsgetriebenen Produktentwicklung zu bewältigen?

An allen Fronten gefordert

Es lohnt also, einen tieferen Blick auf Produkte und Strategien des Marktführers zu werfen. Er lässt zumindest ahnen, wohin ein Großteil der Branche geht.

Einer für alle

9.1
Das Engineering Knowhow wandert in die Software

Erfolgreiches Duo

CATIA hat sich in der industriellen Produktentwicklung einen Platz in der vordersten Reihe erobert, und es ist dieses Produkt mit seiner ständig gewachsenen Palette von Modulen, mit dem IBM in erster Linie verbunden wird. Dabei hat sich die Aufgabenteilung zwischen dem eigentlichen Softwarehersteller Dassault Systèmes und dem Vermarktungshaus IBM als eine offensichtlich günstige Kombination herausgestellt.

Arbeitsteilung

Kaum sonst wird vermutlich der Entwicklung so deutlich gesagt, was der Markt benötigt. Gerade die externe Positionierung gibt Vertrieb und Marketing vielleicht besonderen Einfluss auf das, was schließlich als Produkt beim Kunden installiert wird.

(Fast) alles drin

CATIA in seiner Version 4 ist ein System, das Funktionalitäten für nahezu alle Schritte der Produktentwicklung bietet, von Konzeption und Design über Detaillierung, Berechnung, Simulation bis hin zum virtuellen Prototypen.

Der Prozess im Zentrum

Seit Jahren war vorrangiges Ziel der Programmierer in Paris, CATIA zu einer Software zu machen, die selbst zentrales Mittel zur Integration der Prozesskette im Engineering ist. Natürlich fand diese Software in erster Linie dort Anklang und konnte sich weltweit als Standard etablieren, wo diese Prozesskette am komplexesten ist: In der Automobilindustrie, in der Luftfahrt, im Schiffbau und den jeweiligen Zulieferketten.

Manches neu macht V5

Mit der neuen Version 5 geht das Produkt einen Weg, der darauf aufbaut, zugleich aber ganz andere Möglichkeiten öffnet – für den Anbieter wie für die Anwender.

Die Software ist eine native Windows-Entwicklung, die gleichzeitig auch unter allen wichtigen UNIX-Derivaten läuft, mit im wesentlichen gleicher Funktionalität und Oberfläche. Damit adressiert sie über den bisherigen Kundenstamm hinaus die große Masse der CAD-Konstrukteure, die inzwischen auf dem Betriebssystem von Microsoft arbeiten.

CATIA V5 ist zugleich in mehreren Ausbaustufen erhältlich, die dem kleinen und mittelständischen Betrieb zusätzlich den Einstieg erleichtern.

Ein Angebot an alle

IBM könnte sich damit außer bei den komplexen Industrien auch im Massenmarkt der CAD-Anwendung eine beherrschende Position erobern. Das ist die eine Seite der Veränderung im Produkt, die auf eine deutliche Ausdehnung des bisherigen Kundenstamms zielt.

Eines der herausragenden Module von V5 zeigt aber, dass die CAD-Anwendung selbst ihren Charakter verändern wird: die voll integrierte Knowledgeware.

Der Anwender ist der Programmierer

Objektorientierte Programmierung macht es möglich, und die strategische Partnerschaft von Dassault und Invention Machine hat es zum Produkt werden lassen: Das Prozess-Knowhow des Konstrukteurs und Ingenieurs lässt sich mit einfachen Mitteln erfassen und in Software einbauen, die die Konstruktion erleichtert und bei den Mitarbeitern Kreativität freisetzt.

Lange vergeblich

Bislang konnte es sich nur der Großkonzern leisten, durch Eigenentwicklung von Makros oder Zusatzprogrammen in bestimmten Teilen des Konstruktionsprozesses Routineberechnungen durch Automatismen zu ersetzen und Ingenieurwissen online zur Verfügung zu stellen. Solche Programme erforderten nicht nur spezielle Programmierkenntnisse. Sie mussten auch aktuell gehalten werden, denn sie entstanden neben der eigentlichen Softwareumgebung. Vielfach blieben es sogar reine Versuchsprogramme, die nie wirklich produktiv zum Einsatz kamen.

Erste Ergebnisse von Pilotprojekten mit der Knowledgeware von CATIA V5 zeigen jetzt, was diese neue Technologie möglich macht.

Hochstellbacken mit Regeln

Die Werkzeugkonstruktion bei Audi wählte als Pilotobjekt Hochstellbacken, die in einer bestimmten Stufe der Bearbeitung von Karosserieteilen zum Aufstellen von Flanschen an den Randbereichen benötigt werden. Für die Konstruktion dieser Backen gibt es in Ingolstadt zahlreiche Regeln, die unbedingt berücksichtigt werden müssen. Sie sind Resultat der Erfahrung des Werkzeugbaus, welche Grundbedingungen für eine reibungslose Funktion der Pressen und für höchste Qualität der gefertigten Teile zu erfüllen sind.

Der Winkel mit der geraden Zahl

Zum Beispiel muss die Außenkontur des Backen in einem geradzahligen Winkel zu den Hauptachsen des Presswerkzeugs verlaufen und einen Referenzpunkt in geradzahligem Abstand zu diesen Achsen haben. Dazu muss die komplexe Linie der Außenform zunächst auf eine Ausgleichsgerade angenähert werden. Auch für die Bohrungen der Backen existieren Vorgaben, ebenso wie für ihre maximale Länge oder Höhe, woraus sich wiederum notwendige Teilungen ergeben.

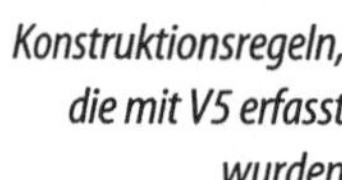

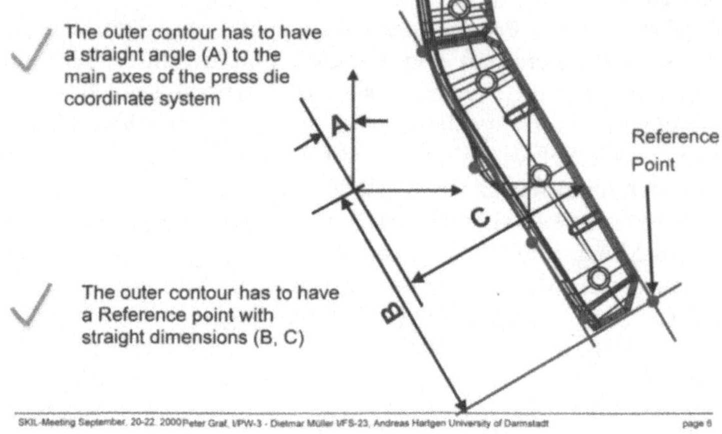

Konstruktionsregeln, die mit V5 erfasst wurden

Nach herkömmlicher Vorgehensweise hat der Konstrukteur diese Anforderungen mit Hilfe interaktiver Manipulationen von Geometrie zu realisieren: Winkel abmessen, Maße ändern etc. Eine häufig wiederkehrende Routinetätigkeit, die nicht gerade Kreativität fordert und fördert.

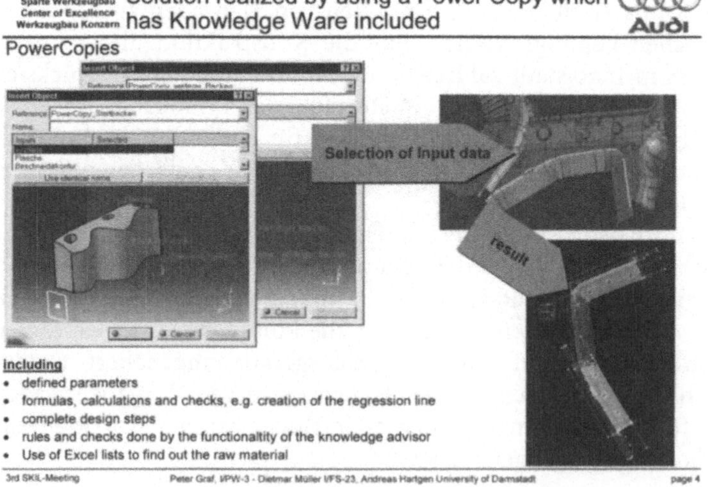

Spezialapplikation auf Basis hausinterner Konstruktionsregeln, programmiert mit CATIA V5

Regelwerk nach Hausnorm

Mit CATIA V5 gibt es nun die Chance, solche Regeln im System zu definieren. Dazu wurde ein Beispielmodell der Geometrie erzeugt, das mit Hilfe der Funktion Powercopy sehr einfach auf den

9 Große Herausforderung für große Softwareanbieter

konkreten Fall umgesetzt werden kann. Die Flächen, die sich von Backen zu Backen ändern, werden als austauschbar deklariert. Per Drag and Drop kann der Anwender sie durch die verfügbaren Flächen der Teilekonstruktion ersetzen. Automatisch berechnet dann Knowledgeware etwa die Regressionslinie der Außenkontur und sorgt für die Einhaltung der Hausnorm.

Darüber hinaus prüft der Knowledge Advisor, ob alle Regeln berücksichtigt wurden oder nicht. Auf Konfliktfälle weist er den Konstrukteur mit Text und Grafik hin, und er zeigt den Weg zur sofortigen Korrektur.

Um nicht nur eine einzige Formvariante zu automatisieren, sondern mehrere zur Auswahl anzubieten, wurde mit Visual Basic Script zusätzlich ein Makro erstellt, dass auch diesen Komfort mit Windows-Technik unterstützt.

Nach dem erfolgreichen Testen der neuen Methodik wird nun Part für Part mit dem Aufbau eines Kataloges begonnen, der einzelne Bestandteile von Presswerkzeugen umfassen soll. Voraussetzung für die Nutzung der neuen Möglichkeiten durch einen größeren Kreis von Konstrukteuren ist allerdings die generelle Einführung von CATIA V5.

Im Falle der Hochstellbacken hat Audi bei diesem Prozedere eine Einsparung an Entwicklungszeit von 20 bis 30 Prozent bei Neukonstruktionen ausgemacht, und von etwa 50 Prozent bei Änderungen. Die Zahlen werden bei anderen Baugruppen oder Bauteilen anders lauten, aber sie geben eine Ahnung von dem Potenzial, das in der Knowledgeware steckt.

Ein anderes Beispiel. Valeo Wiper Systems stellt komplette Scheibenwischersysteme für die Automobilbranche her. Hier ist es mit Hilfe der neuen Software gelungen, einen Automatismus für die Gestaltung der Apparatur in Abhängigkeit von der Gestalt der Frontscheibe zu schaffen. Modellierung und Berechnung einschließlich der Kinematik für den Wischerantrieb erfolgen nun regelbasiert und mit Unterstützung des Ratgebers.

Die neue Funktionalität geht also erheblich über die bisheriger CAD-Software hinaus. Sie erlaubt die elektronische Erfassung von Konstruktionswissen, das beileibe nicht mehr nur die Geometrie betrifft. Materialeigenschaften, Funktionsweisen, Fertigungsanforderungen – also das Knowhow, das der Konstrukteur bislang bei der interaktiven Modellierung einbrachte und das nicht mit dem Modell gespeichert werden konnte, wird nun selbst Gegenstand der Konstruktion. Die Software macht ernst mit dem Anspruch, ein möglichst wirklichkeitsgetreues digitales Abbild des künftigen Produktes zu beschreiben, dessen Geometrie ja ebenfalls nur seine äußere Form definiert.

Außer den Eigenschaften des Produktes können erstmals auch das Prozesswissen, die Expertenkenntnisse über bestimmte Verfahren und Abläufe der Entwicklung, Eingang in die Produktdaten finden. Damit eignet sich das Programm noch besser für die Prozessoptimierung als die Vorgängerversion.

Die Richtung, welche die industrielle Produktentwicklung nun einschlagen kann, ist klar: Technisch gibt es nun keine Barriere mehr, einen Teil der Entwicklungsschritte beinahe vollautomatisch ablaufen zu lassen.

Schließlich aber ist V5 ein hervorragendes Beispiel dafür, wozu objektorientierte Programmierung führt. Der Anwenderbetrieb beziehungsweise seine für den Einsatz von Engineering Software Verantwortlichen werden nämlich in die Lage versetzt, mit einfachen Mitteln, per Mausklick und Windows-Technik, Applikationen zu erstellen, die absolut betriebsspezifisch sind. Dazu müssen sie nur eine Einführungsschulung von wenigen Tagen absolvieren und keinen Programmierkurs. Und dennoch läuft die Eigenentwicklung vollständig auf Basis des installierten Kernsystems.

Mit der neuen Generation von CATIA bietet IBM also nicht nur Standardmodellierung, sondern zugleich eine Technologie, die den Ausbau der Software von Seiten des Anwenders gestattet.

Jede Applikation, die diese Fähigkeiten der Knowledgeware nutzt, wird sofort in einen unmittelbaren Wettbewerbsvorteil gegenüber den Mitbewerbern münden. Jedenfalls solange, bis auch diese Art der Erfassung von Ingenieurwissen wieder Allgemeingut ist und jeder Betrieb sein Knowhow in die Form von Applikationen integriert hat.

9.2
Elektronisches Management

Die 3D-Hybridmodellierung hat das Produktdatenmodell bereits so anschwellen lassen, dass es ohne elektronische Datenverwaltung kaum noch sinnvoll zu handhaben ist. Wenn nun zusammen mit der Geometrie auch noch alle möglichen anderen Eigenschaften und selbst Verfahrensschritte und Abläufe hinzukommen, wird der Einsatz eines PDM-Systems noch dringender.

Das wichtigste Motiv für die Einführung dürfte die Tatsache sein, dass im Zuge der Optimierung der Verfahren und Arbeitsabläufe zahlreiche Disziplinen Zugriff auf die Produktdaten haben müssen, die selbst überhaupt nicht an der eigentlichen Erzeugung des Modells beteiligt sind, beispielsweise Marketing, Vertrieb, Kundendienst, Fertigungsvorbereitung oder Qualitätssicherung. Aber ihr Wissen aus angrenzenden oder nachgelagerten Prozessen muss schon zu einem möglichst frühen Zeitpunkt in die Entwicklung einfließen können, um kostenträchtige Änderungen in der Endphase eines Projektes zu vermeiden.

Der zweite wichtige Grund liegt in der Notwendigkeit, zusammen mit den originären Produktdaten auch zahlreiche andere Dateien und Informationen zu speichern. Ob Materialbestellung oder Stückliste, ob Simulationsergebnisse in Form von Video-Aufnahmen – natürlich sind all diese Daten um so wertvoller, je besser sie in unmittelbarem Zusammenhang mit dem Entwicklungsprojekt gefunden werden können.

IBM und Dassault haben auch auf dieses Gebiet einen starken Fokus gelegt. ENOVIAVPM gestattet nicht nur die Speicherung und den sicheren Zugriff auf sämtliche zu einem Produkt gehörenden Daten, sondern beispielsweise auch die Steuerung der Freigabeprozesse.

Die Software erlaubt die Verwaltung von komplexen Produktstrukturen bis hin zur automatisierten Konfiguration von Varianten. Dabei macht sich natürlich bezahlt, dass das Datenmanagement aus demselben Haus stammt wie die CAD-Software, denn die enge Verwandtschaft ermöglicht die optimale Ausnutzung der Funktionalitäten beider Seiten.

Zwar kann heute im Prinzip jedes PDM-System Daten unterschiedlicher Herkunft und Formate verwalten und auch visualisieren. Aber die interne Intelligenz einer Software, wie sie beispielsweise in der Knowledgeware von CATIA V5 zur Verfügung steht, dürfte von niemandem so gut zu organisieren sein wie von dem, der diese Strukturen wie seine eigene Westentasche kennt.

Wie bei der neuen Funktionalität der Knowledgeware gilt auch bei PDM: Den größten Nutzen kann der Anwender aus dieser Software nur ziehen, indem das firmeneigene Wissen über die Prozesse und ihre Abhängigkeiten voneinander erfasst und allgemein verfügbar gemacht werden.

Auch dieses Thema ist also von der Art, dass es einerseits eine gewisse Art von Konfiguration beziehungsweise einfacher Programmierung durch den Kunden verlangt. Andererseits ist es ebenfalls ein mitunter recht beratungsintensives Thema. Meist werden entsprechende Installationen mit Hilfe externer Serviceanbieter vorgenommen und zumindest in der Einführungszeit intensiv von diesen begleitet.

Während Knowledgeware aber für jeden Anwender – unabhängig von der Firmengröße – ein enormes Rationalisierungspotenzial und starke Möglichkeiten der Wettbewerbsdifferenzierung und Innovation beinhaltet, kommt PDM vermutlich auch mittel- und langfristig eher in der komplexen Industrie zum Einsatz.

Hinsichtlich des Produktgeschäftes mit Standardsoftware geht IBM also vor allem zwei Wege: Erstens werden die Systeme so einfach und allgemein einsetzbar gemacht, dass sie für alle Sparten und Größenklassen von Fertigungsunternehmen geeignet sind. Zweitens wird die Möglichkeit der Zusatzprogrammierung auf Basis des Kernsystems durch die Integration entsprechender Tools so leicht gemacht, dass betriebsspezifisches Knowhow vom Anwenderunternehmen programmiert werden kann.

In diesem Zusammenhang spielt die Webtechnologie zunächst keine vordergründige Rolle. Auch wenn sowohl bei Dassault als auch bei IBM seit Jahren in der Softwareentwicklung großes Gewicht auf Java und Plattformunabhängigkeit gelegt wird und die wachsende Web-Fähigkeit der Standardsysteme hohe Priorität genießt.

9.3
Technologielieferant für unternehmensweites Informationsportal

IBM verfügt neben seiner Vertriebsmannschaft für Standardsoftware einschließlich etlicher großer Partner auch über einen Fundus an Beratungskompetenz, der im Umfeld des Engineering seinesgleichen suchen dürfte. Weltweit ist dieser Bereich in den Global Services zusammengefasst.

Seit vielen Jahren beschäftigen sich hier Tausende von Mitarbeitern mit den Bestrebungen der Industrie, ihre Unternehmensprozesse zu optimieren.

Sie helfen bei der Analyse der Abläufe und Datenflüsse und beim nachfolgenden Reengineering. Aber so wenig das Produktgeschäft von IBM ausschließlich auf die Fertigungsindustrie ausgerichtet ist, so wenig beschränkt sich diese Beratung natürlich auf das reine Engineering.

Das umfassende Knowhow der Berater beinhaltet die Materialwirtschaft ebenso wie das Enterprise Ressource Planning (ERP), die Fertigungsautomatisierung wie die Einbindung von Zulieferern, den Vertrieb und das Marketing wie das Qualitätsmanagement.

CAD, CAM, CAE und PDM sind hier eine Baustelle unter vielen. Für den IBM-Bereich Product Lifecycle Management allerdings eine der wichtigsten. Und auch für das 1999 gegründete VPI (Virtual Product Innovation) Competence Center, das für dieses Feld die Beratung bietet. Aber das Consulting geht darüber hinaus und erfasst auch alle anderen Geschäftsprozesse des Fertigungsunternehmens.

Im Laufe der Jahre ist eine ungeheure Fülle von Expertenwissen gesammelt worden. Aus den strategischen Projekten mit der industriellen Kundschaft zieht IBM immer wieder das Resümee, das wiederum zur Verfügung gestellt wird – extern wie intern.

So genannte Best Practices beispielsweise zeigen, mit welchen Mitteln, Methoden und Verfahren Betriebe arbeiten, die in ihren jeweiligen Bereichen überdurchschnittlich erfolgreich sind. An solchen Beispielen orientiert sich der Berater, wenn er Möglichkeiten der Verbesserung im Betrieb des Kunden untersucht.

Die verwendete Technologie ist naturgemäß nur einer von vielen Faktoren, daneben spielen zum Beispiel Organisation, Mitarbeiterführung, Unternehmenskultur, Kommunikation oder Kundenorientierung eine herausragende Rolle.

Kam es im Verlauf solcher Projekte zur Realisierung von Softwareapplikationen, um die gefundenen Verbesserungen zwischen den Bereichen oder den dort eingesetzten Anwendungen möglichst effektiv zu unterstützen, dann stießen die Programmierer immer an die harten Grenzen der herkömmlichen Computertechnologie: Heterogene Hardware und Netzwerke, in denen abgeschottete Softwareinseln mit unterschiedlichen Datenformaten und Bedieneroberflächen miteinander in Verbindung gebracht werden sollten.

Eine sehr aufwendige Arbeit. Neben der Nachbildung der Prozesse ging es um die Kopplung aller beteiligten Programme mindestens über gut funktionierende Schnittstellen, die nicht selten speziell erzeugt werden mussten.

Am Ende standen neue Applikationen, die alles, von der Oberfläche über die Geschäftsprozesse bis hinein in die Funktionalität der Einzelanwendung, zu integrieren hatten – und natürlich wiederum eine ständige Wartung und Überholung erforderlich machten, die umso aufwendiger war, je mehr unterschiedliche Programme eingebunden waren.

Die Technologie des Internet mit seinen neuen Möglichkeiten des Informationsaustausches und der Vernetzung gestattet es nun IBM, all diese bisher gesammelten Erfahrungen, einschließlich vieler Softwareelemente und Entwicklungswerkzeuge, auf völlig neue Art zu nutzen. Genau darin liegt der Hauptfokus des Konzerns hinsichtlich der Umstellung auf e-Business und e-Engineering und der Unterstützung seiner Kunden bei derselben Transformation.

Die Prozesse des Fertigungsunternehmens, und zwar sowohl der Auftragsabwicklung wie der Produktentwicklung, sind in seiner komplexest möglichen Form, zum Beispiel in der Automobilindustrie, erfasst, verallgemeinert und in einem umfangreichen Modell nachgebildet.

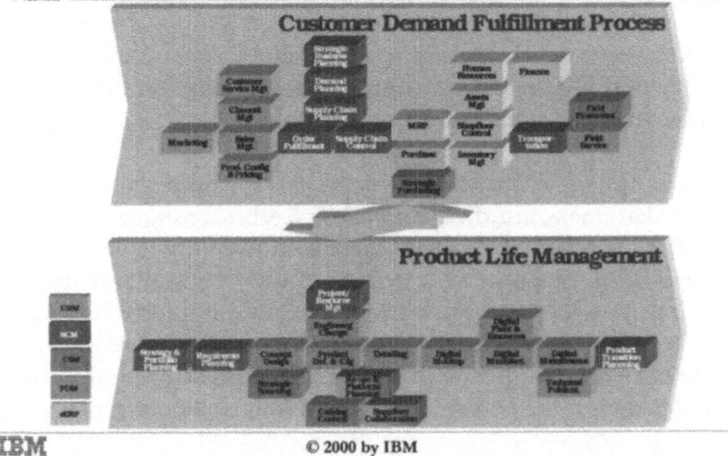

Da hierbei vom Hersteller bis zum Kunden alle Glieder der Kette berücksichtigt werden, lassen sich selbstverständlich einzelne Bereiche des Gesamtszenarios herausnehmen und auf kleinere Unternehmen anwenden.

In allen Prozessen spielt heute die Computerunterstützung eine entscheidende Rolle. Überall gibt es Systeme, die einen bestimmten Teilaspekt abdecken. Also wurde parallel zu den logischen Abläufen der Gesamtkette die Struktur der dabei eingesetzten Software erfasst.

Wie die Prozesse, so der Datenfluss

IBM verfügt zwar selbst über eine sehr breite Produktpalette, aber verständlicherweise gibt es auch eine Reihe von Aufgaben und Spezialbereichen, in denen andere Firmen weltweit marktführende Position erlangt haben.

Im vergangenen Jahr hat IBM mit Vertretern solcher Software-anbieter eine enge Partnerschaft geknüpft. Es handelt sich vor allem um i2, Siebel und Aspect Development. Mit SAP und Ariba verbindet IBM ohnehin eine lange Zusammenarbeit.

Partnerwahl

Gemeinsam mit diesen Firmen werden ENOVIA, Dassault Systèmes und IBM nun eine Art Rahmenwerk für Softwarestrukturen entwickeln, das es in dieser Form vor den Zeiten des World Wide Web nicht geben konnte.

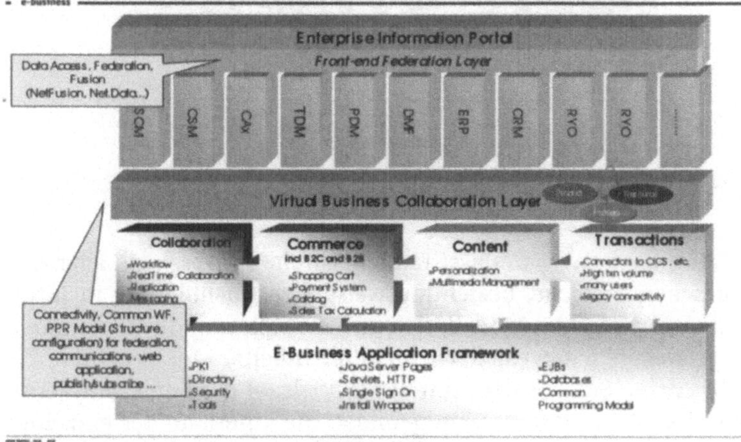

IBM nennt dies das e-Business Application Architecture Framework. Ziel ist eine Software-Architektur beim Kunden, die aus gänzlich unterschiedlichen Komponenten zusammensetzt ist. Und die gleichzeitig alle Werkzeuge beinhaltet, die das optimale Zusammenwirken der einzelnen Elemente garantieren.

Ein Rahmen fürs Werk

Strukturierte Softwarelandschaft

Auf dem obersten Level der Architektur befindet sich das Enterprise Information Portal (EIP), das nichts anderes darstellt

Eingang

als ein Browserfenster, das die gesamte IT-Landschaft des Unternehmens transparent macht. Hier werden Daten präsentiert und visualisiert, der Anwender hat seine zentrale Ein- und Ausgabeschnittstelle. Mehr als Applets zur Gewährleistung dieser Browsing-Funktionen wird es auf diesem Level nicht geben. Als Front-End unterstützt das EIP alle denkbaren Geräte, die auch für jeden Internet-Browser in Frage kommen, vom Mobiltelefon über den Palmtop und das Notebook bis zu Workstations und erst noch zu erfindenden Sendern und Empfängern.

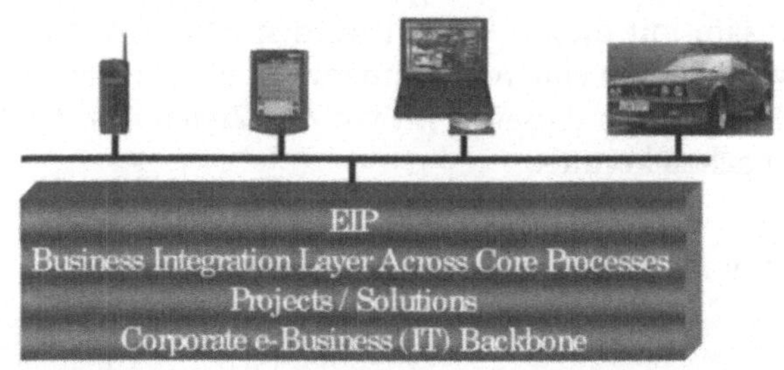

Jedem Unternehmen sein Portal

Logisch
Der zweite Layer umfasst tendenziell die Prozesslogik aller Unternehmensbereiche, beziehungsweise ihre Nachbildung in informationstechnischen Modellen. Nur die Logik und die Zusammenhänge zwischen den Gliedern, nicht die Inhalte.

Funktional
Die dritte Schicht wird durch die Vielzahl der Softwaresysteme und ihre Daten und Dateien gebildet, die innerhalb der einzelnen Schritte zum Einsatz kommen.

Basis
In einer vierten, untersten Ebene befindet sich schließlich das eigentliche IT-Rückgrat (Backbone) des Unternehmens, also die Hardware- und Betriebssystemarchitektur samt aller Komponenten so genannter Middleware, die für das Wirken und Zusammenwirken der Applikationen benötigt wird.

Zentraler Bestandteil des Frameworks ist die neue IBM-Produktreihe WebSphere. Sie ist ein Baukasten von Werkzeugen, die das Integrieren von beliebigen Applikationen mit dem Browser als Front-End gestattet.

Sphärischer Baukasten

So enthält das IT-Backbone nicht nur die bekannten Basiselemente, zu denen neben dem jeweiligen Betriebssystem inzwischen standardmäßig auch die Java Virtual Machine (JVM) zählt, die das Funktionieren von Applikationen über Plattformgrenzen hinweg ermöglicht.

Neu ist hier der WebSphere Application Server (WAS). Er verwaltet so genannte Servlets, die die eigentlichen Anwendungen auf dem dritten Layer aufrufen und steuern.

WAS ruft auf

Gerade in der Entwicklung befindet sich ein Satz von so genannten Konnektoren, deren Ziel die Interoperabilität von Applikationen unterschiedlicher Bereiche und Datenstrukturen ist.

Konnekt

Für die Modellierung der logischen Prozessabläufe stehen alle erforderlichen Programmierhilfen, also Visual Age, C++, Java und anderes, im WebSphere Studio bereit. Zur Steuerung des Datenflusses wird die erprobte IBM Message Queuing Series (MQSeries) genutzt.

Logisches Modell

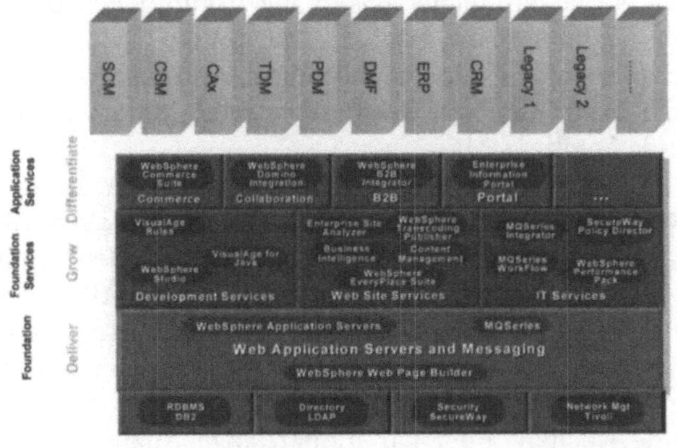

Wenn sich Software-komponenten individuell zusammenbauen lassen

Die Gestaltung des Portals selbst erfolgt über WebSphere Personalization. Diese Software wurde generell für die Erstellung maßgeschneiderter Websites entworfen, gleichgültig ob sie im Internet, Intranet oder Extranet zum Einsatz kommen – ebenfalls ohne aufwendige Programmierung speziellen Sourcecodes.

Sehr persönlich

Das Besondere an dem neuen Framework liegt eigentlich in einer Tatsache, die nicht auf den ersten Blick ins Auge fällt: nämlich die Möglichkeit der Trennung von Business Logic und Applikation. Erst diese Trennung von Prozessmodell und den innerhalb der einzelnen Prozesse verwendeten Anwendungen macht eine derart offene und flexible, weil jederzeit dynamisch anpassbare Umgebung möglich.

Nehmen wir ein Beispiel: Die Freigabe einer Teil-Konstruktion ist ein Prozess, der nicht nur die Entscheidung selbst beinhaltet. Die Konstrukteure von angrenzenden Baugruppen oder Bauteilen müssen darüber unterrichtet werden. Der Status des Bauteils innerhalb der elektronischen Datenverwaltung wechselt von in Bearbeitung auf freigegeben. Möglicherweise, je nach der Rolle der Einzelentscheidung in der Gesamtentwicklung eines Produktes, wird durch die Freigabe der Anstoß von Werkzeugkonstruktion, Arbeitsvorbereitung, Materialeinkauf, Dokumentation notwendig.

Der Projektleiter kennt diese ganzen Aspekte, und er würde wahrscheinlich noch weitere aufzählen können, die er in Zusammenhang mit einer konkreten Freigabe zu berücksichtigen hat.

Beteiligt sind unterschiedliche Bereiche und folglich zahlreiche Anwendungen: CAD, PDM, spezielle Systeme im Bestellwesen und viele andere, und selbstverständlich allerlei Office-Produkte.

Die Automatisierung des Vorgangs mit herkömmlichen EDV-Mitteln ist verständlicherweise nahezu unmöglich und vor allem viel zu kostenintensiv, weil die Integration so unterschiedlicher Applikationen und die Verwaltung der mit ihrer Hilfe erzeugten Daten ebenso Inhalt des Programms sein müsste wie die dahinterstehende Logik.

Die Trennung der beiden Bereiche macht die Lösung möglich und bezahlbar. Die Modellierung der eigentlichen Abläufe geschieht völlig unabhängig von den anzustoßenden Applikationen. Und genauso einfach wie diese dann als Funktion des Servlets beispielsweise als Startknöpfe auf den Bildschirm gesetzt werden können, so leicht sind sie austauschbar, falls eine andere Anwendungssoftware zum Einsatz kommt.

Keine wochen- oder gar monatelange Analyse und elektronische Erfassung von Prozessen. Keine aufwendige Programmierung von Prototypen, die dann in Pilotinstallationen auf Herz und Nieren getestet werden müssen.

Ein Berater von IBM unterbreitet einen Vorschlag zur Einrichtung des Enterprise Information Portal und ist aufgrund einiger weniger Informationen in der Lage, innerhalb von ein, zwei Stunden eine lauffähige Testversion für einen bestimmten Bereich zu präsentieren.

Diese Möglichkeiten beruhen direkt auf der Standardisierung objektorientierter Programmierung und damit der Möglichkeit, Softwarekomponenten wiederzuverwenden. Statt komplexer Applikationen werden kleine, leicht zu integrierende und einfach zu erstellende Business Objekte generiert, die alle anderen Softwareelemente ebenfalls als Objekte ansprechen. Es wird nicht lange dauern, und wir haben ganze Klassenbibliotheken branchenspezifischer Komponenten für unterschiedlichste Anwendungsgebiete. *Software als Wiederholteil*

Mindestens ebenso wichtig ist allerdings die Tatsache, dass der Browser mittlerweile zum Standard der Bendieneroberfläche avanciert. Jeder versteht ihn zu benutzen, jeder kann von beliebigen Endgeräten darauf zugreifen. Und nun wird auch noch die Gestaltung entsprechender Websites so einfach gemacht, dass das einzelne Unternehmen damit seine gesamte IT-Umgebung einbinden kann. *Fenster auf die Firmen-IT*

Da es sich um dieselbe Technologie handelt, mit der im Internet agiert wird, versetzt IBM seine Kunden mit dem Application Framework gleichzeitig in die Lage, entsprechende Techniken für die Anbindung von Geschäftspartnern oder auch Kunden zu nutzen. Selbst für die Installierung von Marktplätzen und Internet-Portalen ist es geeignet. *Fenster auf!*

9.4
Ein ASP-Angebot, das die Produktpalette ergänzt

Hinsichtlich Application Service Providing verfolgt IBM derzeit eine Politik, die das Risiko der Kannibalisierung des momentanen Hauptgeschäftes mit Standardsoftware einzugrenzen verspricht.

Mindestens derzeit ist CATIA oder ENOVIA eben nicht über reine ASP-Anbieter wie workcenter zu mieten, und vorläufig ist wohl auch eine entsprechende Möglichkeit nicht ins Auge gefasst. *Nicht überall zu haben*

Stattdessen positioniert sich IBM in immer mehr Anwendungsfeldern selbst mit Portalen, die wiederum bestimmte Applikationen unter der Bedingung des Pay per Use verfügbar machen.

Soeben, Mitte Januar 2001, wird beispielsweise gemeldet, dass IBM Automotive in den USA mit IBMPlaces.ihost.com einen speziellen Service für die Automobilindustrie anbietet. Mit diesem Service zielt IBM in erster Linie auf die kleineren Zulieferer, die *US-Portal* sich die aufwendige Installation von Standardsoftware häufig nicht leisten können oder wollen.

Günstig Als Themen erster Applikationen sind Collaborative Engineering, Qualitätsmanagement und Datenaustausch genannt. Die Kosten liegen mit 90 US-Dollar pro Monat dramatisch niedriger als für die Nutzung vergleichbarer, installierter Systeme.

Hier werden vor allem neue Anwendungen zum Leasing angeboten. CATIA und ENOVIAVPM sind erst einmal nicht im Portfolio.

Überall dabei IBM ist also in allen Feldern aktiv, die sich durch die Internet-Revolution als wichtigste Bereiche künftiger Anwendungen darstellen: als Anbieter von Standardsoftware; als Beratungshaus; als Lieferant von Technologie für die anwendende Industrie, mit der sowohl die Integration der vorhandenen Umgebung als auch die Entwicklung betriebsspezifischer Programme realisiert werden kann; und als globaler Anbieter von Portalen und Marktplätzen für die Abwicklung von Prozessen der Fertigungsindustrie über das Internet.

Stärkende Ergänzung Momentan gelingt es offensichtlich gut, die neuen Möglichkeiten als Ergänzung des bisher primären Produktgeschäftes mit CAD/CAM/CAE und PDM-Software einzusetzen.

Sowohl die gelieferten Technologien als auch die Neupositionierung mit Portalen sind geeignet, die führende Position noch zu festigen.

Das war noch nicht alles Eine noch größere Herausforderung steht dem Softwareriesen allerdings erst bevor, wenn nämlich die Zergliederung der Standardsoftware auch die Engineering Software selbst erfasst und maßgebliche Funktionen sich aus dem Gesamtpaket lösen lassen.

CAD-Viewer, die die Visualisierung und Manipulation von Originaldaten ohne Systeminstallation gestatten, sind inzwischen allgemein verfügbar und sehr preisgünstig zu haben. Darauf hat IBM mit dem eigenen Angebot entsprechender Tools – auch über Portale – reagiert.

Ähnlich werden sich möglicherweise schon bald zentrale Anwendungen aus dem bislang integrierten CAD- und PDM-Umfeld verselbständigen.

Hürdenlauf Je weiter dieser Prozess voranschreitet, desto mehr wird sich IBM mit dem heftigen Widerstand derjenigen Bereiche im eigenen Haus konfrontiert sehen, die vom traditionellen Produktgeschäft den größten Vorteil haben und folglich auch die stärkste Angst vor den neuen Wirtschaftsformen.

Eines ist jetzt schon deutlich: Die großen Softwareanbieter werden mehr und mehr zu Technologie- und Knowhow-Lieferanten. Wie weit und in welchem Tempo dieser Trend das Produktgeschäft betrifft, ist schwer einzuschätzen. Aber die Umorientierung hat bereits eingesetzt.

10 Engineering Softwareplattform – als Open Source

Eine völlig andere Antwort auf die jüngste Entwicklung in der Computertechnologie und gewissermaßen das komplementäre Gegenstück zum Beispiel IBM liefert ein anderer alter Bekannter im Bereich Engineering Software – Matra Datavision, seit 2000 EADS Matra Datavision.

In den 80er Jahren und bis in die Mitte der 90er hinein zählte *Einer der Großen* dieses Haus mit seiner ebenfalls in Frankreich entwickelten Software EUCLID zu den Marktführern in CAD/CAM.

EUCLID mit seinem Ursprung in der Flugzeugentwicklung konnte sich einen beträchtlichen Marktanteil in verschiedensten Bereichen der Mechanikanwendung erobern, vom allgemeinen Maschinenbau bis in die komplexen Industrien der Automobilindustrie und Luftfahrt. Etliche Jahre war es ein direktes Konkurrenzprodukt zu CATIA, dem es in manchen Funktionalitäten zeitweilig sogar deutlich überlegen war.

Früher als die meisten Mitbewerber setzten die Softwareinge- *3D Pioniere* nieure von Matra auf 3D-Modellierung und die direkte Anbindung der NC-Programmierung auf Basis der CAD-Daten.

Für die Realisierung eines Generationswechsels innerhalb der *Fehlstart* eigenen Produktpalette schufen sich die Spezialisten in Paris eine Entwicklungsplattform mit Namen CASCADE. Aber die geplante Serie EUCLID Quantum kam nicht mehr richtig zum Laufen.

Einer der führenden Hersteller von Standardsoftware musste *Handtuch geworfen* feststellen, dass die Anforderungen an ein solches Produkt und damit die nötige Zahl von Entwicklungsingenieuren ständig größer, die zu erzielende Marge und der Markt aber immer kleiner wurden.

1998 fiel die Entscheidung, die Entwicklung von Standardsoftware einzustellen. Teile der produzierten Systeme einschließlich eines nicht unbeträchtlichen Anteils des Personals ging an Dassault Systèmes. Matra Datavision selbst wurde einer der wichtigsten Vertriebspartner von IBM in der Vermarktung von CATIA.

Die Umstellung auf das neue Produktgeschäft mit dem absoluten Schwerpunkt auf Service und Beratung wurde innerhalb von einem guten Jahr erfolgreich bewältigt. Heute gilt Matra als zweitgrößter Vertriebspartner von IBM Product Lifecycle Management Solutions. Schwerpunkte sind Projekte mit PDM, EUCLID, CATIA, ENOVIA und DENEB Software. Im Vertrieb der neuen Version 5 von CATIA hat das Haus sogar die weltweite Führung übernommen.

Aber nicht dieser Wechsel interessiert uns hier. Auch manch anderer ehemalige Vorreiter in der Softwareentwicklung macht heute seinen Hauptumsatz mit Fremdprodukten und hat die Eigenentwicklung gestoppt.

Wirklich neu ist eine Entscheidung, die bei Matra erst ein Jahr später fiel und im Dezember 1999 auf einer internationalen Pressekonferenz in Paris bekannt gegeben wurde: Die Entwicklungsumgebung von EUCLID Quantum wurde als Open CASCADE im Internet online und kostenlos verfügbar gemacht.

10.1
Statt Produktgeschäft Service auf Basis kostenloser Software

Die anwesenden Vertreter der Fachpresse staunten nicht schlecht, und ich gebe zu, dass meine erste Reaktion durch tiefe Skepsis geprägt war.

Natürlich kannte man das Beispiel Linux, die ebenfalls kostenlose Betriebssystemsoftware, die von der internationalen Entwicklergemeinde in jahrelanger, virtueller Zusammenarbeit zum ersten ernsthaften Konkurrenzprodukt zu Microsoft Windows gemacht worden war.

Aber dies wie einige andere Beispiele von Open Source betrafen in der Regel Bereiche des Masseneinsatzes und folglich auch der massenhaften Entwicklung. CAD/CAM/CAE ist im Vergleich dazu ein relativ kleines Feld, wo so etwas wie Open Source bis zu diesem Zeitpunkt gänzlich unbekannt war.

Im übrigen sind ja die Anwender gerade im Engineering, vor allem wenn man Europa als Maßstab nimmt, eher erpicht auf eine qualitativ hundertprozentige, absolut sicher funktionierende Standardsoftware.

Und schließlich hatten die marktgängigen Systeme einen Reifegrad erreicht, der sie als geeignet für nahezu alle denkbaren Anwendungsfelder erscheinen ließ. Und eine Neuauflage von Firmengründungen mit dem Fokus auf CAD-Software zeichnete sich auch nicht ab.

Wer also, abgesehen von Forschungseinrichtungen und Universitäten, sollte ein Interesse daran haben, sich eine umfangreiche Bibliothek von Objektklassen und Basissoftware aus dem Internet herunterzuladen? Und was sollte das Ziel einer Entwicklung mit Open CASCADE sein?

Für wen und wofür?

Betrachten wir zunächst die Beweggründe bei Matra, die zu diesem Schritt geführt haben.

CASCADE hatte bereits seit einigen Jahren eine Art Doppelleben geführt. Während es einerseits als Kern und Baukasten für die Programmierung der Standardsoftware EUCLID diente, gab es eine für Matra nicht uninteressante Anzahl von Projekten, in denen es für die Erstellung von Spezialsystemen verwendet wurde.

Doppeltes Lottchen

Dabei lag die Ausführung teilweise bei Matra, teilweise erwarb der Kunde selbst CASCADE, um damit eine Eigenentwicklung in Angriff zu nehmen.

Immer handelte es sich um Projekte, die mit vorhandener Standardsoftware nicht lösbar waren. Mechanikanwendungen waren darunter. Aber sie stellten nur einen kleinen, eher unbedeutenden Teil dar. Typisch für solche Projekte war die Anforderung, ver-

Geometrie ist nur das Eine

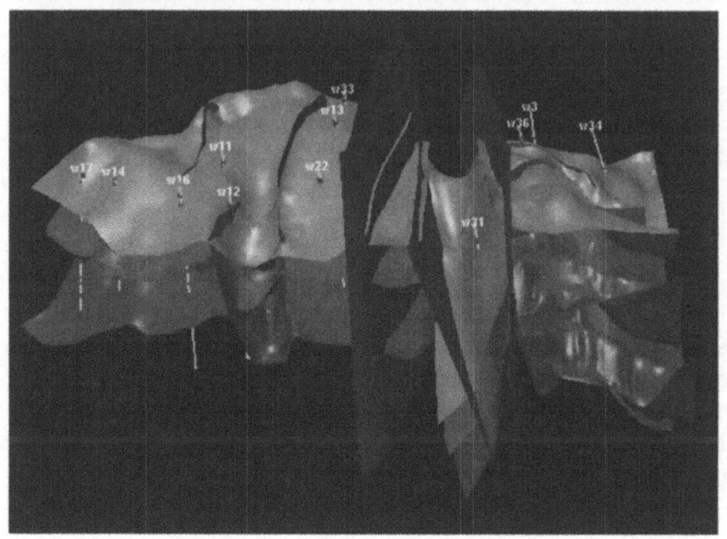

Mit Open CASCADE modellierte Erdschichten © BEICIP (France)

verschiedenste, meist dreidimensionale, geometrische Daten mit anderen Informationen zu verknüpfen.

Da gab es den Erdölkonzern, der aufgrund von Stichproben eine 3D-Darstellung der Bodenbeschaffenheit einer ganzen Gegend erhalten wollte, die Rückschlüsse auf Bearbeitungsmöglichkeiten und Randbedingungen gestattete.

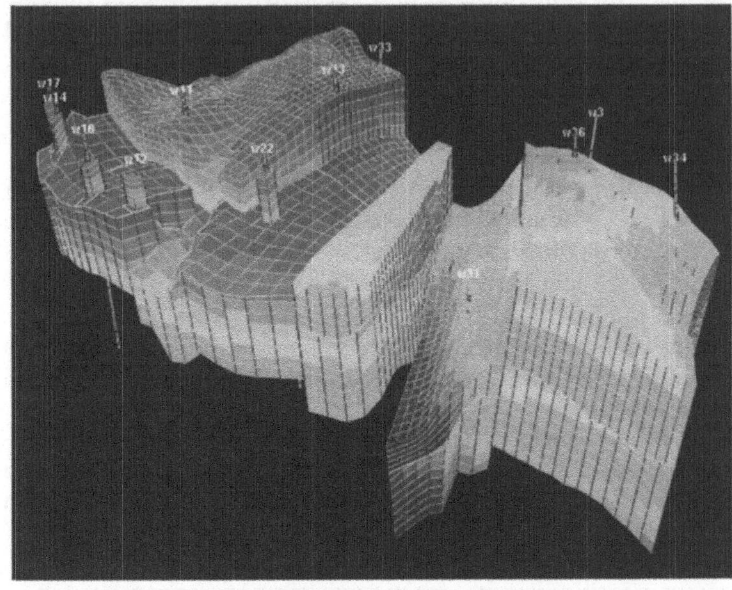

Auswertung der unterschiedlichen Strukturen von Erdschichten
© BEICIP

Oder das Elektrizitätswerk, das eine realistische und messbare Ansicht verlegter Überlandleitungen benötigte – und zwar so, dass das Durchhängen der Leitungen in Abhängigkeit von Temperatur und Wetter sichtbar wurde.

Sitzt, passt und hat kein Spiel

In der Medizintechnik werden künftig Transplantate mehr und mehr individuell hergestellt. Dazu müssen aber die Randbereiche des entsprechenden Körperpartien gescannt und berechnet werden, um beispielsweise dazu passende Kunstgelenke mit Hilfe von 5-achsigen NC-Programmen automatisch fertigen zu können.

Die Grenzen der Standardsoftware

Standardsoftware war für solche Aufgabenstellungen nicht ausgelegt, eine Zusatzprogrammierung viel zu aufwendig. Oftmals hätten neue Elemente definiert werden müssen, was einen prinzipiellen Eingriff in die Datenstruktur erfordert hätte. Mit CASCADE waren die Probleme erfolgreich zu lösen.

Bei derlei Entwicklungsaufträgen hatte sich aber der erzielte Preis für den Verkauf von CASCADE nicht nur als unbedeutend im Vergleich zum Gesamtrahmen der Projekte erwiesen, sondern obendrein als eher hinderlich in den Vertragsverhandlungen mit den Interessenten. Warum also über einen Betrag von 50.000 DM reden, wenn es insgesamt möglicherweise um Millionen geht?

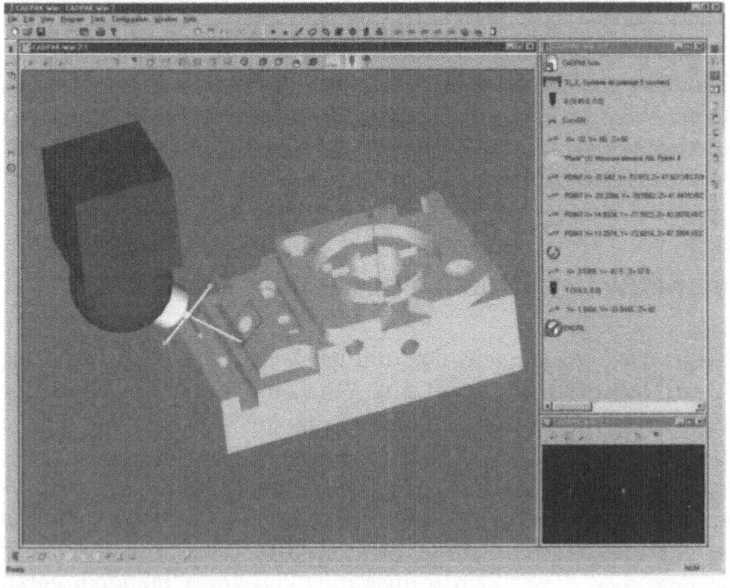

Die Offenlegung und kostenlose Verteilung von CASCADE musste für vergleichbare Projekte förderlich sein. Insbesondere deshalb, weil jetzt weltweit jedermann Zugriff hatte und damit der Kreis der potenziellen Interessenten und Auftraggeber geradezu unbegrenzt wuchs.

Die Tatsache, dass durch den Download von Open CASCADE theoretisch auf die Entwicklungsspezialisten von Matra verzichtet werden konnte, wurde wenig gefürchtet. Schließlich wusste man aus jahrelanger Erfahrung, dass zwar das zu erfassende Knowhow beim Anwender zu finden ist, aber die Kompetenz für optimale Programmierung eben in der Regel nicht.

Die zweite Triebfeder lag in den Möglichkeiten der Softwareentwicklung von Open CASCADE selbst.

Durch die Erlaubnis, die Plattform nicht nur kostenlos zu nutzen für die Erstellung von Spezial-Applikationen, sondern sie auch zu verändern, zu erweitern um neue Komponenten oder Funktionen, bestand die Möglichkeit, dass der geschrumpfte Kern eigener Entwickler um eine große Zahl von Softwarespezialisten erweitert würde.

Aufgrund des eigenen Wissensvorsprungs war Matra dabei prädestiniert für die Rolle eines Open CASCADE Red Hat, der die internationale Entwicklergemeinde in gewissen Abständen mit zertifizierten Versionen versorgen könnte.

Matra begann Anfang 2000 mit der Bildung eines Core Teams, das von Anfang an auf die Integration internationaler Kapazitäten ausgerichtet war. Es zählte bereits vor Ende des Jahres 23 Mitglieder aus allen Kontinenten.

10.2
Der unerwartete Boom eines neuen Geschäftes

Um es vorwegzunehmen: Der mutige Schritt hat sich mehr als gelohnt. Der Erfolg innerhalb eines einzigen Jahres mündete in der Neugründung der Open CASCADE Company im Dezember 2000.

Innerhalb des ersten Monats nach der Freischaltung von opencascade.org verzeichnete Matra bereits im Januar letzen Jahres über 1.500 Downloads. Im Dezember waren es 11.000. Der Umfang einer Komplettversion beträgt etwa 250 MB. Man kann also davon ausgehen, dass dieser Schritt ausschließlich von jemandem getan wird, der damit ein Projekt realisieren will.

Über 30.000 Besucher zählt die Website derzeit pro Monat, 300 heruntergeladene Open CASCADE Dateien täglich, beides mit wachsender Tendenz.

Als das Core Team im April die erste zertifizierte Version 3.0 veröffentlichte, wurden in der darauffolgenden Woche über 5000 Dateien aus dem Netz geladen. Noch heftiger reagierte die Gemeinde nach der Verfügbarkeit der nächsten Version 3.1 im November.

Eine Auflistung der Länder, in denen Projekte mit Open CASCADE realisiert werden, umfasst über 60 Nationen in aller Welt. An der Spitze liegen die USA mit rund 2.500, gefolgt von Frankreich mit 1.100, Deutschland mit knapp 700 und Italien mit 500.

Die Anwender beziehungsweise Entwickler kommen aus drei Bereichen: verschiedene Branchen der Industrie, Forschung und Wissenschaft, und der Softwareindustrie.

Die aktuelle Version des Softwarepaketes umfasst allein 2.000 *Viel drin*
Basisklassen, 20.000 Funktionen und natürlich die Dokumentation
für den professionellen Einsatz.

Es enthält C++ Komponenten für die Strukturierung von Mo-
delldaten, Visual C++ für die Kompilierung von Open CASCADE
Code für die Windows Plattform, Modellierungsalgorithmen,
Tools für Visualisierung und Datenaustausch und ein Rahmenwerk von Entwicklungswerkzeugen.

Als Ausgabeformate stehen inzwischen neben STEP und IGES
auch STL für Rapid Prototyping, sowie VRML und HPGL2 zur
Verfügung.

Es ist als erste industriell genutzte CAD-Software lauffähig unter *Wo auch immer*
LINUX, daneben bislang aber auch einsetzbar auf den Windows
und Sun Solaris Plattformen, SGI und IBM/AIX.

Das neu gegründete Unternehmen, eine hundertprozentige
Tochter von EADS Matra Datavision, hatte Ende 2000 bereits über
hundert Mitarbeiter, davon sind 80 Softwareingenieure an Standorten in Frankreich und Russland. Bis Ende 2001 ist die Erweiterung auf 170 Beschäftigte geplant.

In Erweiterung von Entwicklungsunterstützung und Training *Hilfreiche Pakete*
bietet die Open CASCADE Company mittlerweile drei gestaffelte
Pakete von Service und Support, die eine Hotline mit persönlich
zugeordneten Spezialisten, monatliche Updates, Fehlerbehebung
und Projektberatung einschließen.

Rund acht Millionen Mark Umsatz hat das neue Geschäft allein
im ersten Jahr eingebracht. Und das Management ist zuversicht-
lich, in den nächsten Jahren über massive Zuwächse berichten zu
können.

Während desselben Jahres, in dem so viele Internet Startups *Schöne Ausnahme*
weltweit enttäuscht haben und sich die Verantwortlichen teilweise
als Traumtänzer entpuppten, die Millionen und Abermillionen
verschleudert haben, liefert die Open CASCADE Company ein
schönes Beispiel dafür, dass das Geschäft auch in der New Economy blühen kann. Mit dem Internet als Basis, mit kostenloser
Software als Kern, und mit der Ausrichtung auf die Lieferung von
Technologie und Dienstleistung.

10.3
Die Standardisierung von Software verlagert sich auf eine neue Ebene

Wie bei dem Application Framework von IBM ist die Grundlage für den Erfolg von Matra einerseits die Standardisierung objektorientierter Software und andererseits des zunehmenden Bedarfs der Industrie, der Forschung und der Softwarehersteller an Differenzierung durch innovative und hochspezialisierte Anwendungen.

Standards auf hohem Niveau — Neu ist, dass sich die Basistechnologie, auf der mit Open CASCADE möglicherweise ein Standard für derartige Anforderungen entsteht, selbst bereits auf ein sehr spezielles und hochkomplexes Thema erstreckt, nämlich die Erzeugung und Verarbeitung grafischer, dreidimensionaler Informationen.

Kooperativ — Und während CATIA V5 mit Knowledgeware die Möglichkeit schafft, innerhalb der Standardsoftware Zusatznutzen zu generieren, ist es bei Open CASCADE uninteressant, welches Kernsystem der Anwender ansonsten verwendet.

BMW beispielsweise ist einer der großen Kunden von IBM, und setzte gleichzeitig im vergangenen Jahr auf die nun verfügbare Open Source von Matra, um eine Applikation namens Quick Mesh zu entwickeln.

Hochspezifisch — Dabei werden aus CATIA V4 Daten und Modellen anderer Herkunft Finite Elemente Netze generiert, die sich besonders für aerodynamische Studien eignen. Mit Hilfe der neuen Entwicklungsumgebung konnte dieser Netzgenerator auf sehr spezifische Anforderungen angepasst werden, die von BMW bei der Strömungsanalyse verlangt werden.

Einer hilft dem anderen — Dassault Systèmes selbst verwendete den Werkzeugkasten von Matra für die Erstellung einer Direktschnittstelle zwischen EUCLID 3 und CATIA V4.

Und eines der jüngsten Großprojekte zeigt, dass sich mit der Verfügbarkeit von Open Source über das Internet die Entwicklungsmethoden der Software insgesamt ändern.

Illustrer Kreis — Das Projekt heißt SALOME. Teilnehmer sind momentan acht führende Industrieunternehmen, Forschungseinrichtungen und Softwarehäuser in Frankreich. Es wurde von RNTL, dem National Network of Software Technologies, zertifiziert, und die Finanzierung wird unter anderem durch das französische Staatssekretariat der Industrie mitgesichert. Die Leitung des Projektes hat die Open CASCADE Company übernommen.

Das Ziel, dem sich die Teilnehmer bis Ende 2002 in drei Etappen annähern wollen, ist ein wiederum offenes Software-Rahmenwerk,

das die Kopplung von CAD-Applikationen mit Anwendungen für
Berechnung und Simulation sowie die Integration verfügbarer
Solver ermöglicht.

Alle Beteiligten versprechen sich von der Lösung im offenen
Netzwerk auf Basis von Open Software eine Reduzierung von Entwicklungszeit und -aufwand. Die Programmierungskapazitäten
werden gebündelt und kommen allen Anwendern gleichermaßen
zugute.

Gemeinsam stärker

Der ehemalige Hersteller von Standardsoftware konzentriert
sich auf die Standardisierung von Softwareentwicklungswerkzeu-
gen und die Unterstützung der Programmierung auf Seiten der
anwendenden Industrie.

Das ist neu, aber es wird nicht einzigartig bleiben. Die Informa-
tionstechnologie hat ein Niveau erreicht, wo auch hier nicht mehr
das Produkt in Form von Softwarepaketen im Vordergrund steht.
Die Verfügbarkeit der Software wird über das Internet allgemein.
Ihre Nutzung für anwendungsspezifische Aufgaben zum tragenden
Pfeiler.

*Einer macht immer
den Anfang*

11 ASP-Dienst ersetzt Produktangebot

Eine weitere, wiederum gänzlich andere Form der Nutzung von Internet und Web-Technologie liefert ein Softwarehersteller, der in den 90er Jahren ebenfalls als Anbieter von Standardsoftware eine führende Position erringen konnte: die Münchner Tecoplan AG.

Auch kein Unbekannter

11.1
Überprüfen der Konstruktion am virtuellen Prototyp

Die Umstellung der Konstruktionsmethodik auf 3D-Modellierung ist kein Selbstzweck. Die Verfügbarkeit digitaler Modelle künftiger Produkte soll paralleles Arbeiten der unterschiedlichen Disziplinen erleichtern und wichtige Konstruktionsentscheidungen bereits in einem sehr frühen Stadium ermöglichen.

Der Zweck heiligt das Modell

Einer der wichtigsten Aspekte dieser virtuellen Produktentwicklung ist die Überprüfung von Bauteilen, Baugruppen oder Werkzeugen und Maschinenelementen auf mögliche Kollisionen.

Wo klemmt's?

Je mehr die Konstruktion eines Produktes im Verlauf seiner Entwicklung in einzelne Unterbaugruppen zergliedert wird, je mehr die Ingenieursarbeit sich auf örtlich unabhängige Teams verteilt, und je weiter sich die Kette der Entwicklungsprozesse auf firmen- und länderübergreifende Zusammenarbeit stützt, desto wichtiger wird dieser Aspekt.

Andere Methoden, andere Mittel

Kollisions- und Einbauuntersuchungen sind aus verschiedenen Gründen auf Basis der Standard-CAD-Systeme nur unbefriedigend zu realisieren.

Teilweise arbeiten die Beteiligten mit Software unterschiedlicher Herkunft und Datenstruktur, was einer Prüfung einzelner Teile gegeneinander hinderlich ist und mindestens den zusätzlichen Aufwand der Konvertierung erfordert.

Inselsprung

Selbst innerhalb derselben Software ist aber eine solche Untersuchung der Konstruktion sehr aufwendig, da die komplexen Datenformate zu einem erheblichen Umfang der Modelle führen.

Enorme Zeiten für das Zusammenladen der Teile zu einem digitalen Prototyp und zur Durchführung der Checks sind die Folge.

Die treibenden Kräfte für Digital Mockup, allen voran Automobilindustrie und Flugzeugbau, suchten nach einer Lösung. Tecoplan nahm sich dieser Aufgabe an und entwickelte in enger Kooperation mit der Technischen Universität München Anfang der neunziger Jahre ein Verfahren, das sich erst als Voxeltechnik und schließlich als Spacemanagement Technologie einen Namen machte.

Diese Technik reduziert die ungeheure Datenmenge komplexer Produktmodelle auf die Bestandteile, die für die Simulation von Tests am virtuellen Prototypen benötigt werden. Übrig bleibt die pure, räumliche Information aller Einzelteile und des jeweiligen Bauraums.

Da jedes beliebige CAD-Modell in dieses reduzierte Datenformat konvertiert werden kann, macht die Spacemanagement Technologie gleichzeitig unabhängig von der Herkunft der beteiligten Daten.

Tecoplan führte die Technologie unter dem Produktnamen Virtuelle Werkstatt als Standardsoftware ein und war ab etwa 1995 überaus erfolgreich. 1998 erhielt das Unternehmen den Innovationspreis der Deutschen Wirtschaft. Zu den Kunden gehörten Audi, BMW, DaimlerChrysler, Honda, Porsche, Saab, Volkswagen, Volvo und der US-amerikanische Luft- und Raumfahrtkonzern Lockheed Martin, der die Tecoplan Technologie bei der Entwicklung des Spaceshuttle-Nachfolgemodells einsetzte.

Trotz dieses rasanten Erfolgs gab es eine Reihe von Faktoren, die zu einem ebenso raschen Ende des Produktgeschäftes mit der Virtuellen Werkstatt führten.

Einerseits ist es nur eine Frage der Zeit, bis die Hersteller der großen CAD-Programme eine vergleichbare Technik in ihre Standardsysteme integrieren. Und mit der wachsenden Interoperabilität wird auch die Entwicklung eines standardisierten, allgemein verfügbaren, reduzierten und für entsprechende Prüfungen geeigneten Datenformates nicht lange auf sich warten lassen.

Auf der anderen Seite war der zu realisierende Marktpreis des Tecoplan-Systems so hoch, dass er einer massenhaften Verbreitung massiv im Wege stand. Für kleine und mittelständische Unternehmen gab es neben dem Preis noch eine kaum zu überwindende Hemmschwelle: die Tatsache, dass hier eine Investition getätigt werden musste, die nur gelegentlich zum Einsatz kam, also die meiste Zeit der Installation ungenutzt blieb. Ganz abgesehen von den zusätzlichen Kosten für die Ausbildung von Spezialisten, die den Umgang mit dem neuen Tool beherrschten.

Die Großkunden wiederum fanden ständig neue Aufgabengebiete, die sie in die Standardsoftware integriert sehen wollten. Für das relativ kleine Entwicklungsteam von Tecoplan eine Sisyphusarbeit, nicht weit entfernt von einem Zustand, wo für jeden Kunden seine eigene Kollisionsprüfungssoftware generiert wurde. *Nimmersatt*

Noch bevor Tecoplan auf dem Wege der Übernahme oder des Zusammenschlusses mit einem der großen Softwarekonzerne den vielen anderen kleinen Softwareschmieden hätte folgen müssen, die in den letzten zehn, zwanzig Jahren auftauchten und wieder verschwanden, entschied sich die neue Firmenleitung Anfang des Jahres 2000 für einen völlig anderen Schritt, der ziemlich erfolgversprechend aussieht. *Man kann auch anders*

11.2
Engineering Aufgaben – gelöst übers Internet

Eigentlich passt das Angebot von Tecoplan in keines der bekannten Schemata der so genannten neuen Wirtschaft. Hier wird nichts zum Herunterladen angeboten, die Website ist absolut kein Portal oder Marktplatz, und Application Service Providing im Sinne von fernbedienter, gemieteter Software ist es auch nicht. *Aus der Reihe gefallen*

Der Name Xbrioso soll über das italienische brioso (schwungvoll lebhaft, spritzig) die Flexibilität zum Ausdruck bringen, die der neue Dienst dem Kunden bietet. *Italian Style*

Basis ist die bewährte Spacemanagement Technologie. Innerhalb von wenigen Monaten wurde sie von den Softwarespezialisten bei Tecoplan webfähig gemacht. Auf der Systems 2000 ging die Website xbrioso.com online. Der Dienst ist derzeit praktisch ohne Konkurrenz und zeigt, welche Möglichkeiten das Internet gerade dem Engineering bieten kann. *Fliegender Wechsel*

Wer diesen Dienst nutzen will, braucht überhaupt nichts zu installieren. Den Browser, den er für seinen Zugang und die Bedienung benötigt, hat er ohnehin. *Browser und los*

Worin besteht der Kern des Angebotes? Es gestattet, die 3D-Modelle von Einzelkonstruktionen zusammenzufügen und zu testen. Das Neue: Mit Xbrioso müssen die Mitglieder eines Teams, die gemeinsam, aber an verteilten Plätzen und mit verteilten Rollen an einer Neuentwicklung arbeiten, nicht mehr im selben Haus beschäftigt sein und vor allem keine Software installiert haben, um dasselbe zu erreichen.

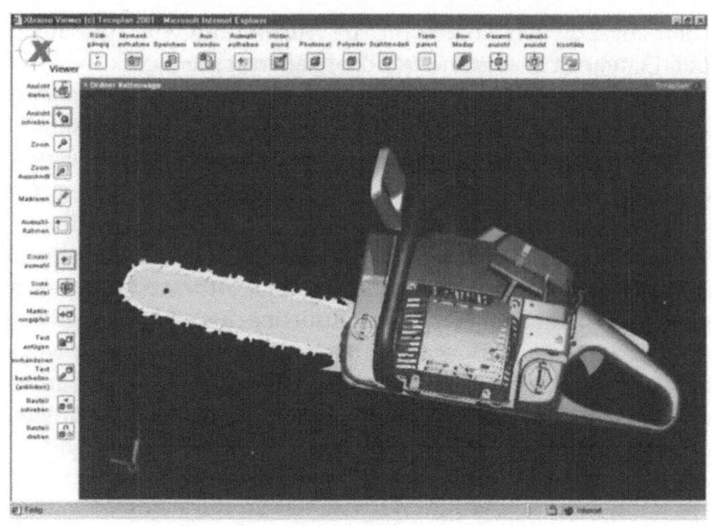

Komplettes Produkt Motorsäge. Es kann aus Baugruppen bestehen, die mit unterschiedlichen Systemen erzeugt wurden. Bild: Tecoplan

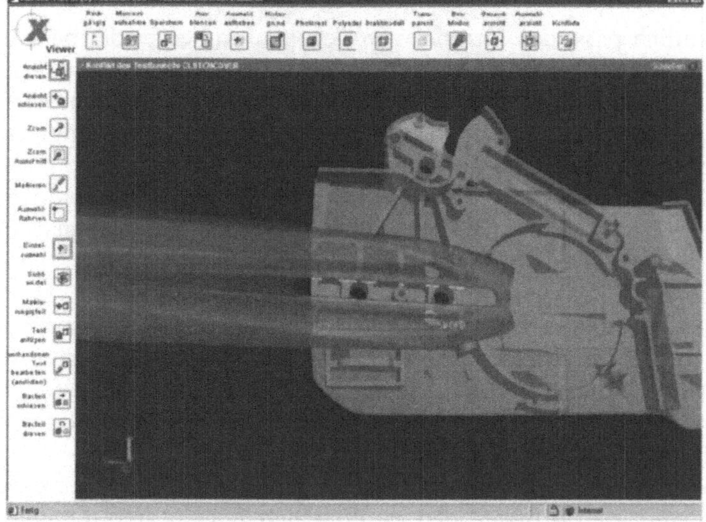

Die Kupplungs-abdeckung wird auf Kollision mit dem Schwert geprüft. Rot signalisiert Kollision, gelb Berührung. Bild: Tecoplan

Gut erfunden

Nehmen wir ein (erfundenes) Beispiel aus der Praxis und vergleichen wir heute übliche Methoden mit dem, was sich durch Xbrioso an neuen Möglichkeiten bietet.

Gut verpackt

Ein Hersteller von Verpackungsmaschinen, nennen wir ihn X-Packaging, hat von einem großen PC-Anbieter den Auftrag bekommen, eine Maschine zu entwickeln, die jeweils eine variable Anzahl von Rechnern auf einer Palette für den Transport zum Händler mit Kunststoffdrähten zusammenschnürt.

11 ASP-Dienst ersetzt Produktangebot

X-Packaging ist spezialisiert auf solche Aufgaben. Das entscheidende Know-how liegt in der komplizierten Mechanik, welche die zu verpackenden Gegenstände von einem Band greift, stapelt und automatisch verschnürt. Dabei zieht das Haus grundsätzlich eine Reihe von Partnern hinzu, denn die Fertigungstiefe beschränkt sich auf die Herstellung der Verpackungsmechanik und den Zusammenbau mit anderen Baugruppen. Die eigene Konstruktion arbeitet mit I-DEAS. *Gut verteilt*

Die Hydrauliksysteme werden bei X-Hydro mit Hilfe von CATIA V4 entwickelt, der sich wiederum die benötigten Rohrleitungen von X-Pipe liefern lässt. Auch dort wird mit 3D gearbeitet, allerdings nutzt die Konstruktion das Rohrleitungsmodul von Pro/ENGINEER. Die elektrischen Steuerungen werden im Auftrag von einem gewissen X-Esys entworfen und gefertigt, wobei das System Mentor Graphics zum Einsatz kommt. Das Gehäuse liefert ein externer Partner, der mit Mechanical Desktop arbeitet.

Bis zur Einführung von 3D schien die Zusammenarbeit ganz gut zu funktionieren, wenn es auch entsetzlich lange dauerte, bis endlich alles zusammenpasste und zum ersten Mal in einem Prototypen für den ersten Testlauf montiert werden konnte. Jetzt ist die Konstruktion zwar wesentlich schneller am Ziel, aber die unterschiedlichen Systeme führen zu einem neuen Flaschenhals, der da heißt: Datenaustausch. *Schnell am Ende*

Wollte man alle Komponenten einer neuen Maschine tatsächlich schon in einem virtuellen Prototypen auf dem Bildschirm zusammenbauen, müssten die Daten entweder über IGES oder über Direktschnittstellen jeweils von einem System ins andere übertragen werden. Wobei dies in der Regel mit gewissen Einbußen hinsichtlich der Genauigkeit der Daten verbunden ist. *Lieber nicht*

Erschwerend kommt allerdings hinzu, dass X-Hydro von der Sorge geplagt wird, X-Packaging könnte mit Hilfe der 3D-Daten in Versuchung kommen, das Know-how des Spezialisten wieder ins eigene Haus zu holen. Folglich werden hier gar keine 3D-Daten geliefert, sondern lediglich Maßzeichnungen und Ausdrucke von 3D-Modellen. *Nicht mit meinen Daten*

Selbst wenn man sich aber auf ein Verfahren einigen könnte, wer wem welche Daten in welchem Format wann liefert, bliebe das Vorgehen ein zusätzlicher Prozess, der viel Geld und Zeit kostet und obendrein keineswegs zuverlässige Ergebnisse garantiert.

Das Ende ist die weiterhin notwendige Herstellung mehrerer physikalischer Prototypen, und erst an diesen werden tatsächliche Probleme der Fertigung erkannt. Etwa: Der Bauraum für die Hydraulikrohre ist an einer Stelle zu eng für die Montage, beim Ge- *Das wird teuer*

häuse wurden die Öffnungen für die Verbindung von Bedienelementen mit der elektronischen Steuerung zu groß ausgelegt und
ähnliches mehr. Mehrere Änderungsvorgänge verzögern die Fertigstellung der Maschine, so dass mit einer Konventionalstrafe
gerechnet werden muss, denn die Personal Computer stauen sich
am Ende der Fertigungsbänder.

Wie könnte nun die Entwicklung der Maschine unter Einsatz
von Xbrioso aussehen, und was würde sich für die Beteiligten ändern? An der eigentlichen Konstruktionsmethodik der Partner
ändert sich gar nichts. Sie arbeiten weiterhin mit unterschiedlichen
Systemen, die ihnen für den jeweiligen Zweck am besten geeignet
erscheinen.

Die entscheidende Neuerung besteht darin, dass trotz diverser
Datenformate sowohl auf den Datenaustausch, als auch auf das
ungeliebte Verschicken hochsensibler 3D-Modelle zum Partner
verzichtet werden kann, und trotzdem alle Konstrukteure zu jedem Zeitpunkt der Entwicklung einen gemeinsamen, virtuellen
Prototyp haben, der ihnen das Ausmerzen beziehungsweise Vermeiden von Fehlern schon im Vorfeld des ersten physikalischen
Testlaufes ermöglicht.

Der Projektleiter für die neue Maschine bei X-Packaging wählt
über seinen Standard-Internet-Browser die Homepage xbrio-
so.com und meldet ein Projekt an. Über eine sichere Verbindung
(https 3DES) erfolgt die einmalige Installierung eines Zertifikates,
das für alle folgenden Arbeiten im Projekt von Xbrioso herangezogen wird. Außer dem Projektleiter werden die Ingenieure der beteiligten Partner angemeldet, und alle Teammitarbeiter erhalten
Benutzernamen und Kennwort.

Für den Fall der Nutzung von Xbrioso über einen mobilen
Rechner und eventuell über einen anderen Browser als den üblichen, stellt das System jedem Benutzer 20 Transaktionsnummern
(TAN) zur Verfügung, wie sie aus dem Online-Banking bekannt
sind.

Das Projekt hat nun einen gemeinsamen Raum, der auf einem
externen, zentralen Server verwaltet wird. Alle Beteiligten können
diesen Raum auf vielfältige und sehr einfache Weise nutzen, etwa
zur unmittelbaren Information anderer Beteiligter über etwaige
Änderungen, Verfolgung von Terminen und Freigabevorgängen.
Aber das Wichtigste: Sie haben einen dreidimensionalen Raum, in
den sie ihre Bauteile und –gruppen einstellen können.

Alle entwickelten Teile werden automatisch und ohne Zutun der einzelnen Konstrukteure virtuell zusammengebaut. Auf Wunsch kann der Kollege von X-Hydro sein Hydrauliksystem sowohl gegen angrenzende Teile der Elektronik oder das Gehäuse auf Kollisionen prüfen, der Maschinenhersteller alle Fremdteile auf Montierbarkeit, und der Gehäuse-Lieferant würde sofort sehen, ob seine Konstruktion mit den Innereien und den außen befestigten Bedienelementen zusammenpasst oder nicht. *Wenn alles passt*

Jederzeit hätte die verteilte Entwicklungsgruppe Zugriff auf den aktuellen Stand des Gesamtprojektes, und etwaige Probleme im Zusammenwirken der einzelnen Komponenten könnten ausgemerzt werden, ohne auch nur ein einziges Teil tatsächlich zu fertigen. *Immer auf dem neuesten Stand*

Jeder sieht dabei nur das, was er sehen darf. Selbstverständlich sein eigenes Teil, aber eben auch eventuelle Überschneidungen mit der Geometrie benachbarter Elemente. Er sieht die Kollisionen und Problemstellen, aber nicht die eigentliche Konstruktion der Partner. Er sieht dies in einem 3D-Viewer und kann es von allen Seiten unter die Lupe nehmen, als wären die Teile auf seinem CAD-System erzeugt worden. *Was ich nicht will, dass der das sieht...*

Und nicht einmal die Mitarbeiter des Xbrioso-Teams können auf die Projektdaten des Kunden zugreifen. Hinter einer Firewall arbeitet das Web-orientierte System vollautomatisch ohne manuellen Eingriff. *...das sieht auch niemand sonst*

Das gesamte Hardwaresystem und die Sicherheitsmechanismen von der Authentifizierung bis hin zum Verschlüsseln der Daten für die Übertragung werden vom TÜV geprüft und zertifiziert. Wobei unter anderem auch solche Fragestellungen untersucht werden, die man bei hochmodernen Computersystemen gern für zweitrangig hält: Was etwa im Fall eines Einbruchs, eines Stromausfalls oder einer Erschütterung des Gebäudes mit den Daten der Kunden geschieht. *Mit Brief und Siegel*

11.3
Das Internet als Infrastruktur für virtuelle Teamarbeit

Aus der verteilten Entwicklung einzelner Komponenten und ihrem späten Zusammenbau mit all den Kostenfolgen und notwendigen Verzögerungen ist ein DMU-Modell geworden. Ohne zusätzliche Systeminstallation, ohne Training oder zusätzliches Personal, und vor allem ohne irgendeinen Aufwand für Organisationsstrukturen hat das Gesamtteam eine Ebene der Zusammenarbeit erklommen, die bislang ausschließlich den großen Konzernen vorbehalten war.

Aus einem losen Zusammenschluss von Partnern wird für die Dauer eines Projektes eine virtuelle Firma, die virtuelle Produktentwicklung betreibt und qualitativ hochwertigere Produkte zu einem erheblich früheren Zeitpunkt abliefern kann, als dies mit herkömmlichen Verfahrensweisen jemals denkbar war.

Über die eigentliche Konstruktion hinaus hat allerdings der neue Dienst schnell weitere Anhänger gefunden, die sich ebenfalls als Projektteilnehmer angemeldet haben: Der Leiter der Montage, der sich über den Stand der Entwicklung informieren und zu erwartende Fertigungsanforderungen von seinem PC aus erfassen kann. Der Vertrieb, der gelegentlich bei Kundengesprächen vom Notebook aus Kontakt zu Xbrioso aufnimmt und das Projekt präsentiert. Oder der Mitarbeiter, der die Zukaufteile ordern soll, und der sich nun schnell in 3D anschauen kann, was eigentlich die in der Stückliste genannte Bolzenziehfeder für ein Teil ist.

Xbrioso entpuppt sich also bei näherem Hinsehen durchaus als ein Instrument zur Veränderung industrieller Produktentwicklung. Es erlaubt effektive Zusammenarbeit über Abteilungs-, Firmen-, Länder- und Systemgrenzen hinweg und könnte geeignet sein, die Gewichtung im Verhältnis zwischen den großen Auftraggebern, beispielsweise der Automobilindustrie und Luftfahrt, und ihren Zulieferern zu verschieben.

Man muss mit Xbrioso nicht mehr dieselbe Software einsetzen, um den Nachweis höchster Qualität des zu liefernden Produktes zu bringen. Man ist nicht mehr auf die Zusammenarbeit mit Partnern angewiesen, die ihren Standort möglichst in nächster Nähe haben, wenn man schnell das Zusammenwirken von Teilen eines Produktes prüfen will. Mit Xbrioso gibt es da kaum einen Unterschied, ob der Partner im selben Haus in Stuttgart sitzt oder in China.

Dass der Dienst in der beschriebenen Form nur der Anfang ist, versteht sich von selbst. Xbrioso ist sowohl in die Tiefe des Projektmanagements als auch in die Breite der Funktionalität, die für virtuelle Prototypen zur Verfügung gestellt wird, ausgesprochen ausbaufähig. Aber schon die erste Version bringt angenehme Bewegung in die Welt des Engineering.

Keiner kann heute sagen, wie schnell sich dieser neue Dienst fürs Engineering durchsetzt. Ihn nicht zu nutzen wird dem potentiellen Kunden allerdings denkbar schwer gemacht. Die ersten dreißig Tage kostet Xbrioso gar nichts. In dieser Zeit steht aber schon die volle Funktionalität zur Verfügung. Auch danach lesen sich die Preisvorstellungen von Tecoplan genau so, dass keine langwierigen Finanzierungsprozesse in Gang gesetzt werden müssen, sondern der Projektleiter selbst entscheiden kann.

Mit Xbrioso kommt die Softwareanwendung auf ein anderes Niveau, und in dieser Hinsicht wird der neue Dienst mit Sicherheit ein Beispiel für die Entwicklung der nächsten Jahre sein: Der Kunde zahlt hier nicht mehr für ein System und dessen Wartung, sondern für die effektive Nutzung einer Software während eines Projektes. Der Nutzen steigt, die Kosten werden überschaubar. Offensichtlich haben wir das Web gebraucht, um in dieser Hinsicht einen Schritt weiter zu kommen.

Xbrioso hat innerhalb von ein paar Monaten zahlreiche Kunden gefunden, die diesen Dienst nur zu gern annehmen. Und waren anfangs die Bedenken von Fachleuten groß, dass der Sicherheitsaspekt eine große Hürde für den möglichen Erfolg darstellen würde, so erweisen sich die Produktentwickler als kluge Realisten: Die Frage der Sicherheit wird von ihnen für die Arbeit im Internet so selbstverständlich vorausgesetzt, dass Mancher sich dabei gar nicht aufhält. Der Ausbau des Dienstes und seiner Funktionalität haben wesentlich höhere Priorität.

12 Entwicklung und Fertigung in Zeiten des Internet

Die Softwareindustrie ist also bereits dabei, sich erheblich zu verändern. Und die Fertigungsindustrie? Welche Trends sind hier in der Praxis sichtbar? Mit welchen Strategien wappnen sich Vorreiter gegen die Angriffe, die aus dem nebulösen Chaos des Internet drohen? Wie versucht man hier, Nutzen aus den neuen Möglichkeiten der Computertechnologien zu ziehen?

Ich habe ein Beispiel ausgesucht, das viele Facetten hat, wo auf einige Fragen bereits Antworten gefunden sind, und bei dem die Geschwindigkeit der Veränderung und ihre Richtung deutlich werden.

Es handelt sich weder um ein Kleinunternehmen, noch um einen der ganz großen Konzerne. Es ist ein Familienunternehmen, das zu den Systemlieferanten der Automobilindustrie zählt. Ich nenne es Autosys, denn die Firmenleitung möchte nicht, dass der richtige Name hier genannt wird.

12.1 Global Player in erweiterten Unternehmen

Autosys ist ein Familienunternehmen der etwas anderen Größenordnung. Mitte des vorigen Jahrhunderts gegründet, wurde das Haus 1994 Systemlieferant mit Schwerpunkt Innenausstattung von Kraftfahrzeugen.

Autosys beschäftigt an mehr als 30 Standorten in aller Welt rund 20.000 Mitarbeiter, Tendenz zunehmend. Einer der Angebotsschwerpunkte ist die Integration von Elektrik und Elektronik in die Innenausstattung. Systemlösungen, die etwa Metall und Leiterbahnlayout in Kunststoffspritzteile einer Türverkleidung integrieren.

Autosys übernimmt für die gelieferten Systeme die Verantwortung vom Design über den Prototypenbau und die Vorserie bis hin zur Serienfertigung. Vor Ort und just in time, wozu eben die produktspezifischen Fertigungsstätten in der Nähe der Endmontage des Kunden erforderlich sind.

Hauptkunden sind fünf internationale Automobilhersteller sowie andere große Zulieferfirmen, denen wiederum Autosys Baugruppen bereitstellt.

Mit der Verringerung der Fertigungstiefe und der Auslagerung immer größerer Teile von Produktentwicklung und Fertigung hat die Automobilindustrie einen Großteil des unternehmerischen Risikos verlagert. In erster Linie hin zu den Systemlieferanten. Verbunden mit der Senkung der Kosten war dies ja eines der zentralen Anliegen des Vorgehens.

Ohne die Zergliederung des Fahrzeugs in viele Einzelkomponenten wäre die Verkürzung der Entwicklungszeiten von rund 5 Jahren noch vor einem Jahrzehnt auf zwei bis drei Jahre heute kaum möglich gewesen.

Ohne die zum Zeitpunkt der Montage lieferbaren Komponenten wäre auch eine so hohe Individualisierung des einzelnen Fahrzeugs und seine Ausrichtung auf kundenspezifische Anforderungen, wie sie heute üblich ist, nicht denkbar.

Aber mit dem Risiko und den Kosten wandert noch etwas anderes vom ursprünglichen Hersteller weg, und das ist das Knowhow. Keiner der großen Konzerne hat mehr das tiefgehende Wissen über die besten Verfahren, über Konstruktionsmethoden, Werkzeug- und Betriebsmittelkonstruktion, Simulation, Test und Fertigung, das für die moderne Entwicklung und Produktion notwendig ist.

Man hat den Eindruck, das Wissen habe sich auf dem Wege in die Zulieferkette auf so etwas wie eine schiefe Bahn begeben, auf der es kein Halten mehr gibt.

12.2
State of the Art Informationstechnologie
als Grundvoraussetzung für Wettbewerbsfähigkeit

Autosys verfügt über nahezu sämtliche Werkzeuge der Computerunterstützung, die auch beim Kunden installiert sind. CATIA V4 ist das Kernsystem für die Konstruktion, V5 befindet sich im Vorrichtungsbau in der Einführungsphase, für CAM wird Tebis genutzt. In der Elektrik spielen die Software von Mentor Graphics und die dreidimensionale Kabelbaumkonstruktion mit CATIA die Hauptrolle. Solid Edge findet sich in der Modellierung von Arbeitsplätzen für die Produktionsstätten. Daneben gibt es zahlreiche weitere Installationen für Simulation und Berechnung. Auch Virtual Reality ist für das Unternehmen ein Thema mit wachsender Praxisrelevanz.

Natürlich beschränken sich die Installationen genauso wenig auf das Stammhaus wie beim Automobilhersteller selbst. Ständig sind Konstrukteure und Ingenieure beim Kunden vor Ort, wo sie ihre Arbeit mit den Spezialisten anderer Systemlieferanten abstimmen. Die eigene Entwicklung ist ebenfalls weltweit verteilt. Da kann im Rahmen einer kompletten Innenausstattung das Cockpit in Deutschland entstehen, während die Mittelkonsole in den USA konstruiert wird. Und selbstverständlich beschäftigt das Unternehmen wiederum ein ganzes Heer von Zulieferern, die einzelne Komponenten oder Bauteile entwickeln und herstellen.

Das Knowhow des Unternehmens spiegelt sich vor allem in den eigenen Applikationen. Weltweit ist es nach eigenen Angaben der einzige Hersteller, der einen Crashtest mit Holzmaterialien simulieren kann. Die Materialgesetze sämtlicher Verwendung findender Rohstoffe sind erfasst und werden für Berechnungen aller Art genutzt. Das Wissen über die optimalen Strukturen von Werkzeugen, Vorrichtungen und Maschinen steht mehr und mehr in Form von programmierten Anwendungen zur Verfügung.

Wenn Autosys seinen Kunden ein System zur Freigabe anbietet, dann heißt das zunächst, ein digitales Modell des Systems abzuliefern. Die Anforderungen an dieses Modell sind enorm hoch.

Der Kunde erwartet nicht nur Teilegeometrien, sondern auch ihre werkzeugtechnisch richtige Auslegung mit Auszugsschrägen und Teilungen. Er verlangt den Nachweis einwandfreier kinematischer und elektronischer Funktion, die Garantie der Belastbarkeit unter den Bedingungen des laufenden Betriebs, und natürlich muss der Systemlieferant auch die Kollisionsfreiheit seiner Bauteile und Baugruppen mit angrenzenden Fahrzeugteilen belegen können.

Nehmen wir die Kollisionsbetrachtung als Beispiel heraus, dann wurden entsprechende Prüfungen bis vor kurzem durchschnittlich alle zwei Wochen vorgenommen. Sie waren relativ aufwendig, erforderten Datenkonvertierung und entsprechende Systeminstallationen bei den Beteiligten.

Das größere Manko lag allerdings in der unbefriedigenden Art der Kommunikation. Wurde im Zusammenbau verschiedener Systeme beim Kunden festgestellt, dass Geometrieüberschneidungen vorkamen, dann dauerte es rund zwei Tage, bis die erforderlichen Änderungen in die Wege geleitet und realisiert werden konnten.

Bei Konferenzen musste man entweder mit Ausdrucken oder Präsentationen vorlieb nehmen oder die Besprechungen an einem Ort vornehmen, wo das nötige Softwarepaket installiert war.

Da die Zeitschraube sich gleichzeitig unerbittlich weiterdreht und schnelle und frühzeitige Reaktion auf Problemsituationen täglich entscheidender für den Wettbewerbserfolg wird, suchten die Verantwortlichen nach einer Verbesserung dieses Prozesses.

Die Virtuelle Werkstatt von Tecoplan wurde evaluiert, aber aufgrund hoher Investitionskosten bei relativ geringer Auslastung und hoher Komplexität der Anwendung nicht installiert.

Aber Autosys war einer der ersten Kunden, die den neuen Dienst Xbrioso bereits im Oktober in einer Pilotanwendung testeten.

Ein Projektverantwortlicher und zehn verteilt arbeitende Konstrukteure begannen, ihre Daten über die Zwischenschaltung des Internet zu testen.

Die Bedienung erfordert keine spezielle Ausbildung. Die versandten Daten beanspruchen in Form des neutralen, reduzierten Formates nur einen Bruchteil des sonst notwendigen Umfangs und der Übertragungszeit. Die auf dem Server bei Tecoplan arbeitende Software schließlich liefert die Testergebnisse rund dreimal schneller als mit den vorher eingesetzten Methoden. Bei rund 200 MB für eine Innenausstattung sind das keine unwichtigen Faktoren.

Ein anfängliches Zögern der Beteiligten lag in der absolut ungewohnten Vorgehensweise, dass sie Konstruktionsdaten herausgeben sollten, die noch gar nicht freigegeben waren.

Die Geschwindigkeit, die jetzt erreicht werden konnte, überzeugte aber innerhalb von zwei Wochen jeden. Inzwischen werden Kollisionsprüfungen täglich vorgenommen und gehören zur Routinetätigkeit in der Entwicklung.

Neben der reinen Beschleunigung hat das Procedere aber noch ganz andere Vorteile, die mindestens ebenso schwer wiegen.

Xbrioso kann bei Konferenzen über den Browser auf dem Notebook geöffnet werden, um den aktuellen Entwicklungsstand einschließlich einer Darstellung der gesamten Produktstruktur zur Grundlage von Konstruktionsentscheidungen zu machen.

Beim Kunden dient das Modell nicht nur zur Präsentation des Modells. Etwaige Änderungsanforderungen können unmittelbar an die Arbeitsplätze der betreffenden Ingenieure weitergeleitet und dort in entsprechende Arbeitsschritte umgesetzt werden.

Kurze Reaktionszeit

Der Check auf Kollision ist selbst dann möglich, wenn die einzelnen Bestandteile der Konstruktion mit unterschiedlichen CAD-Systemen erzeugt werden.

Der Anwender kann jederzeit mögliche Kollisionen seines Bauteils mit anderen aufdecken. Er sieht aber nicht die fremden Bauteile, sondern nur die Überschneidungen. In Einzelfällen kann dann entschieden werden, ob ihm bestimmte Flächen oder Modellteile zugesandt werden oder nicht.

Und keiner hat's gesehen

Auf diese Weise eignet sich Xbrioso hervorragend für die Zusammenarbeit innerhalb der gesamten Zulieferkette, und das eigentliche Knowhow bleibt mit den CAD-Daten beim jeweiligen Konstrukteur.

Ähnliche hohe Anforderungen und ein ebenso intensiver Einsatz moderner Technologien finden sich bei Autosys in allen Bereichen der Entwicklung und Fertigung. Ihre Koordination und der optimale Einsatz werden über ein eigenes Technologiezentrum gesteuert.

12.3
Erbarmungslose Transparenz

Die Unterstützung der Arbeitsschritte durch Computertechnologien hat allerdings nicht nur positive Seiten wie die Beschleunigung und Sicherheit der Prozesse.

Die Tatsache, dass zunehmend nicht nur die Geometrie der Produkte, sondern tendenziell auch sämtliche anderen Eigenschaften im Computer erfasst sind, und dass ihre Funktionstüchtigkeit schon vor der Prototypenerstellung nachgewiesen werden muss, bedeutet zugleich, dass die gesamte Kette in der Automobilindustrie sehr transparent wird.

Im Glashaus

Etwaige Schwächen in einzelnen Kettengliedern sind immer weniger zu saldieren. Sie lassen sich sofort einem Verantwortlichen zuweisen und können ihm beispielsweise auch gleich in Rechnung gestellt werden.

Teure Schwächen

So wie die Konstruktion im eigenen Haus aufhört, eine Black Box zu sein, die nur Eingeweihte verstehen, so verliert auch die

Entwicklung des Geschäftspartners ihre Unschuld und wird nachvollziehbar.

Umgekehrt führt die weitgehende Zergliederung des Gesamtprozesses auch zur Gefahr des Verlustes an eigenem Knowhow. So wie die Materialgesetze von Holz weniger bei DaimlerChrysler als bei Firmen wie Autosys zu finden sind, so sammelt sich natürlich auch das Wissen über Entwicklung und Fertigung kleinerer Komponenten eher bei den dafür zuständigen Zulieferern von Autosys. Die ihrerseits für diesen Part mit der Verantwortung auch das volle Risiko zu tragen haben.

Die Automobilhersteller versuchen seit Jahren mit sehr widersprüchlichen Ansätzen, diese Entwicklung im Griff zu behalten.

Einerseits möchten sie am liebsten das Unternehmensrisiko vollständig auf die Partner übertragen. Jüngstes Beispiel: Selbst die Verantwortung für das Einberufen einer gemeinsamen Besprechung aller Beteiligten an einem bestimmten Teilprojekt, einschließlich der Konzernmitarbeiter, überträgt einer der Automobilproduzenten inzwischen dem jeweiligen Systemlieferanten.

Andererseits werden allenthalben Mitarbeiter eingestellt, die über den Wiederaufbau des Knowhows innerhalb des Konzerns die Kompetenz in möglichst vielen Fragen der Produktentwicklung zurückholen sollen.

Eine für alle Seiten befriedigende oder gar beruhigende Lösung dieses Problems ist nicht in Sicht. Man muss auch nicht mit ihr rechnen. Das Fortschreiten der informationstechnologischen Entwicklung wird stattdessen noch zu einer weiteren Verschärfung führen.

12.4
Die Dekonstruktion der Fertigungsindustrie

Die Information, das ursprünglich entscheidende Bindemittel für die industrielle Produktion von Konsum- und Investitionsgütern, hat sich bereits weitgehend von ihren Fesseln befreit.

In dem Maß, wie die Barrieren für die Ausgliederung fielen, wurden nach und nach Teile der anfangs umfassenden Organisationsstruktur aufgegeben. Ihre Notwendigkeit war nicht mehr groß genug, um die dafür erforderlichen Kosten und Aufwände zu rechtfertigen.

Statt hochkomplexer interner Informationskanäle etablierten sich Computernetzwerke als wesentlich günstigere Alternative, und zwar keineswegs nur in finanzieller Hinsicht.

Im Internet kommen die Teilnehmer an einer Konferenz zum Zweck einer Konstruktionsentscheidung mit dem Browser aus. Sie benötigen überhaupt keine Organisationsstruktur, nicht einmal einen Konferenzraum.

Gleichzeitig ist das Wissen aus dem eigentlichen Fertigungsbetrieb abgewandert zu Partnern, spezialisierten Anbietern, Konstruktionsbüros und Dienstleistungsfirmen, und dieser Prozess ist noch in vollem Gang, steht erst an seinem Anfang.

Am Ende dieser Entwicklung könnte in einiger Zeit ein Automobilkonzern stehen, der außer einem Bereich für Grundlagenforschung nur noch die reine Endmontage, das Zusammenfügen der von Partnern gelieferten Baugruppen zum Endprodukt Fahrzeug, beherbergt. Und – vielleicht – die Gesamtprojektleitung für die einzelnen Produkte.

Die Entwicklung und Fertigung der einzelnen Systeme findet bereits jetzt bei den Partnern statt. Und auch dort wird das Outsourcing weitergehen. Auch der Systemlieferant könnte seine Kernkompetenz auf die Endmontage angelieferter Baugruppen beschränken. Das Knowhow wandert in der Kette immer weiter nach hinten.

Selbst wenn die Automotiv-Szene in dieser Hinsicht – wie meistens – der übrigen Fertigungsindustrie wieder einmal ein gutes Stück voraus ist, wird die beschriebene Dekonstruktion der alten Strukturen hier nicht Halt machen.

Die Generierung der Entwicklungsdaten und Anwendungsprogramme, die für die Produktfertigung benötigt werden, wird auf Dauer nicht mehr zu den Kernkompetenzen des Fertigungsunternehmens gehören.

Vermutlich werden sich, etwa nach dem Vorbild des Silicon Valley, in allen Industriemonopolen firmenübergreifende Technologiezentren herausbilden. Kleine, spezialisierte Firmen und noch mehr freiberuflich tätige Ingenieure und Konstrukteure bieten ihre Dienste projektweise an.

Die Standardisierung der Software und der Kommunikationstechnologie macht es zunehmend unerheblich, wer dann letztlich unter welchem Label den Startknopf für die Endmontage drückt.

Schließlich arbeitet ja sowohl der große Systemlieferant Autosys, als auch Unternehmen wie Bosch oder Siemens, gleichzeitig für die verschiedensten Hersteller, die untereinander in heftiger Konkurrenz stehen.

13 Die neue Wirtschaft neben der alten

13.1
Die Arbeitswelt organisiert sich neu

Das Silicon Valley in Kalifornien gilt allgemein als Synonym für die New Economy. Hier entstanden die Firmen, welche die Informationstechnologie zur vorherrschenden Technologie gemacht haben, wie wir sie heute kennen. *Geballte Technologie*

In diesem weitläufigen Tal zwischen San Francisco und San Jose, dessen Einwohnerzahl längst an die der größten amerikanischen Metropolen wie Los Angeles heranreicht, haben die Garagen gestanden, aus denen immer wieder Weltkonzerne hervorgegangen sind. Das Kürzel Sun im Firmenname Sun Microsystems steht ursprünglich für Stanford University Network, die Universität von Palo Alto. Aus einem winzigen Hersteller von Grafik-Workstations wurde ein Unternehmen, dessen 15.000 Mitarbeiter heute die ganze Welt mit Servern und Endgeräten für die Arbeit im Netz ausrüsten. *Zentrum der Startups*

Die Neugründung von Firmen gehört hier so selbstverständlich zum Alltag, wie anderswo die Neubesetzung von Managementpositionen. Und in der Tat werden Ideen auch häufiger als andernorts zur Bildung von Startups genutzt.

Das Jahr 2000 mit seiner Serie von Börsenstürzen und der Vielzahl von dotcom Zusammenbrüchen hat daran nichts geändert, wenn auch die Euphorie momentan etwas gebremst ist. Es hat lediglich deutlich gemacht, dass es nicht ausreicht, sich auf das Internet und seine neuen Möglichkeiten nur zu berufen, um Geld verdienen und Firmen aufbauen zu können. Auch die neue Wirtschaft verlangt wirtschaftliches Denken und Handeln, erfordert Augenmaß und Verantwortungsgefühl, und auch wenn in Internetzeiten fast alles schneller abläuft als früher, ist Geschwindigkeit allein kein Garant für Erfolg. *Neu allein ist nicht gut genug*

Trotz des vorübergehenden Einbruchs der Erfolgskurve ist das Silicon Valley ein gutes Beispiel für die Dekonstruktion bisheriger Wirtschaft und die Herausbildung neuer Strukturen. Denn so wenig die Konkurse zahlreicher neuer Unternehmen im vergangenen Jahr der weiteren Etablierung und Stabilisierung des Internet anhaben konnte, so wenig wird sich die Organisation des Silicon Valley wieder in Richtung herkömmlicher Wirtschaft zurückentwickeln.

Die Unmenge der Unternehmen an der Westküste besteht aus vielen großen und aus noch sehr viel mehr kleinen und kleinsten Firmen, deren Produktpalette sich im weitesten Sinne um Elektronik, Mikroelektronik und Hard- und Software unterschiedlichster Art anordnet.

Auffällige Merkmale, die das Silicon Valley deutlich von uns vertrauten Industrien unterscheiden, sind die hohe Mobilität und Flexibilität der Mitarbeiter und der Firmen selbst.

Nach Untersuchungen der Harvard University von 1994 waren zu diesem Zeitpunkt Wechselraten zwischen 35 und fast 60 Prozent anzutreffen. Die durchschnittliche Betriebszugehörigkeit eines Mitarbeiters betrug etwa zwei Jahre.

Wenn ein Ingenieur einen Bekannten trifft, ist also das Thema weniger, welche Stufe der Karriereleiter man jeweils erklommen hat, als vielmehr, wie derzeit das Unternehmen heißt, in dem man beschäftigt ist oder das man gerade gegründet hat. Beide würden aber wohl auf die Frage eines Dritten, wo sie arbeiten, sagen: im Valley.

An die Stelle hierarchisch organisierter Großunternehmen ist ein Konglomerat von Unternehmen getreten, deren Grenzen immer durchlässiger werden und teilweise verschwimmen. Mitunter werden sie schon mit dem Ziel gegründet, sie nach der Beendigung eines bestimmten Projektes wieder aufzulösen.

Für viele Menschen in Europa, wahrscheinlich für die meisten Beschäftigten in traditionellen Unternehmen, sind solche Verhältnisse beängstigend. Sie fürchten um die sozialen Kontakte zu ihren Kollegen, die häufig eine fast ebenso große Rolle spielen wie die des Freundeskreises. Sie fürchten um die Sicherheit ihres Arbeitsplatzes und ihre Stellung und Bedeutung in der Firma. Sie sehen die Auflösung bestehender Strukturen als Ausdruck der zunehmenden Vorherrschaft von Geld und Technologie über den Menschen.

Doch im Silicon Valley ist auch das Gegenteil der Fall. Wenn ein Geschäftsführer stets damit rechnen muss, dass sein Mitarbeiter schon morgen selbst Unternehmer sein könnte und unter Umständen der eigene Chef, wird er ihm mit einer anderen Haltung gegenübertreten als einem Untergebenen.

Fertigkeiten und Kenntnisse des Einzelnen werden in einer Umgebung fließender Übergänge zwischen den Unternehmen erheblich höher geschätzt als dort, wo die Abhängigkeit des Mitarbeiters im Vordergrund steht.

Es ist sicherlich kein Zufall, dass die Informationstechnologie im Silicon Valley im Mittelpunkt des Geschehens steht und nicht der Maschinenbau, die Konsumgüterindustrie oder die Produktion weißer Ware.

Die alten Unternehmensorganisationen waren die beste Form, um die Unzulänglichkeiten des Zusammenwirkens vieler Menschen zur Entwicklung und Herstellung von Gütern zu minimieren. Die Informationskanäle, die für diese Unternehmen notwendig waren, konnten unter früheren Bedingungen nicht anders funktionieren.

Wenn die Technologie die alten Zwänge beseitigt, dann wird zuallererst der Teil der Industrie neue Formen der Organisation finden, der am wenigsten mit dem handfesten Produkt zu tun hat, und das ist kaum irgendwo offensichtlicher der Fall als im Silicon Valley, wo die Technologie selbst häufig zugleich das Produkt ist.

Natürlich hat auch die Verfügbarkeit von Venture Capital eine große Rolle gespielt, um ein so gigantisches Erfolgsunternehmen wie das Silicon Valley wachsen zu lassen.

Aber so wie die Grenzen zwischen den Unternehmen dort fließend geworden sind, so sind die Grenzen weltweit in den letzten zehn Jahren durchlässig geworden. Kein Kongress, in dem nicht die Globalisierung als wichtigste Herausforderung für Wirtschaft und Gesellschaft beschworen wird.

Es gibt keinen Grund anzunehmen, dass sich die Erfolgsfaktoren des amerikanischen Vorbilds nicht auch in anderen Teilen der Welt und in anderen Bereichen der Wirtschaft durchsetzen sollten.

Risikokapital ist zum Beispiel gerade dabei, die Welt in einem ähnlichen Tempo wie das Internet zu erobern. Und ob Bayern oder Umbrien, die Gründung neuer Firmen stellt mittlerweile fast überall ein Phänomen dar, das durchaus mit dem aus den Anfängen des kalifornischen Vorbilds zu vergleichen ist.

Wenn keine komplizierten Hierarchien und Abteilungsstrukturen mehr notwendig sind, um die Beteiligten eines umfangreichen Entwicklungsprojektes in die Lage zu versetzen, ihre Arbeit aufeinander abzustimmen, dann kann der Einzelne innerhalb des lockeren, flexiblen und ausgesprochen dynamischen Gesamtsystems eine völlig neue Rolle einnehmen.

Es ging nicht anders

Die Macht des Venture Kapitals

Geld ohne Grenzen

Rollenwechsel

Diese Rolle kann sehr positiv sein und eine enorme Aufwertung bedeuten. Auch wenn sich die meisten Konstrukteure und Ingenieure in Europa momentan wohl eher eine Beibehaltung der vorhandenen Strukturen wünschen.

Mitte letzten Jahres sprach ich vor einer großen Versammlung von Berechnungsingenieuren über die Zukunft des Engineering unter den Bedingungen der Web-Technologie. Die Zuhörer quittierten meinen Beitrag mit einem solchen Desinteresse, dass ich völlig vergaß, ihnen meine Vorstellungen an einem sehr persönlichen Beispiel zu veranschaulichen.

Man kann als Berechnungsingenieur, wollte ich damals sagen, seine besondere Position in Unternehmen oder Forschungseinrichtung möglicherweise noch einige Jahre verteidigen. Wenn man seine unzweifelhafte Monopolstellung verteidigt und seine Spezialkenntnisse über Berechnungsmethoden und sein System-Knowhow versucht, als Mittel einzusetzen, sich unersetzlich zu machen.

Natürlich ist dieser Versuch nicht sicher von Erfolg gekrönt. Bereits jetzt gibt es ASP-Angebote, die es ermöglichen, Berechnung und Simulation von Spezialisten extern durchführen zu lassen. Der Konstrukteur schickt das CAD-Modell über das Internet zum Provider und bekommt kurze Zeit später das wunschgemäß aufbereitete Ergebnis zurück.

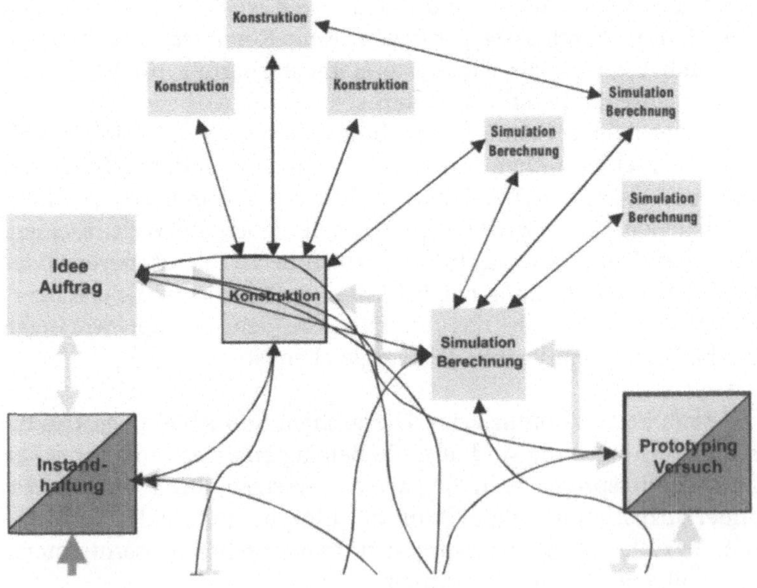

Die Verselbständigung von Teilen des Informationsgeschäftes ist bereits in vollem Gang

So etwas ist nicht nur extrem nützlich für kleine Unternehmen, die sich eine eigene Berechnungsabteilung nicht erlauben können. Es könnte auch generell zur üblichen Praxis in der Industrie werden.

Der heutige Spezialist könnte aber auch grundsätzlich eine ganz andere Richtung einschlagen: Er macht sich selbständig und lässt sich als Dienstleister für Berechnungsaufgaben nieder. Freiberuflich, eigenverantwortlich und mit geringen Investitionskosten. Er könnte sogar die jeweils benötigte Software selbst über einen Application Service nutzen.

Ein solches Angebot wird kommen. Denn genauso wenig, wie sich die Industrie künftig Organisationsstrukturen leisten wird, wo sie diese nicht mehr benötigt, genauso wenig ist ja der heutige Mitarbeiter gezwungen, seine Leistungsfähigkeit und sein Wissen in das Korsett einer einzigen Firma zu zwängen.

Möglicherweise gründet er mit seiner Selbständigkeit ein boomendes Geschäft und muss schon bald Mitarbeiter einstellen, um die wachsende Nachfrage abdecken zu können. Denn sicher ist auch, dass Web-Technologie und Internet bereits in den nächsten Jahren zu einer deutlichen Ausweitung des Einsatzes von Berechnungsmethoden in allen Bereichen der Industrie führen werden.

Wie gesagt, das Interesse der Ingenieure an solchen Visionen schien vergangenes Jahr noch so zaghaft, dass niemand auch nur eine Andeutung in diese Richtung machte.

Es wird sich ändern. Und was für dieses Beispiel gilt, das trifft ebenso auf alle anderen Fachdisziplinen des Engineering zu. Der Kern ist das Wissen des Ingenieurs. Die Software ist verfügbar oder kann – eventuell sogar von ihm selbst – entwickelt werden. Und die Infrastruktur liegt in den Kabeln der Welt.

13.2
Durchmischte Industrie

Ich habe mich in diesem Buch gesondert mit der Entwicklung der Fertigungsindustrie und dem industriellen Engineering auf der einen, und der Softwareindustrie auf der anderen Seite befasst. Das ist sinnvoll, weil es den gegenwärtig vorherrschenden Verhältnissen entspricht.

Wenn meine Annahmen stimmen, wird es in Zukunft immer schwieriger werden, diese Unterscheidung zu treffen. Was die Fertigungsindustrie angeht, so wird sie vermutlich in wesentlich kleinerem Ausmaß weiterexistieren. Aber die Softwareindustrie wird sich gar nicht mehr so leicht als eine Branche identifizieren lassen.

Mit Sicherheit wird es auch weiter die Sparte der Standardsoftware geben. Aber ein wesentlich größerer Bereich der Industrie wird sich gar nicht mehr so einfach zuordnen lassen. Ebenso wie die bisher gängige Einteilung in Hersteller und Anwender von Software an Schärfe verliert.

Hinsichtlich der Erwerbstätigkeiten differenziert die Berlin-Brandenburgische Akademie der Wissenschaften nach Produktionstätigkeit, Erwerb in der Landwirtschaft, in der Dienstleistung und in Form von Informationstätigkeiten.

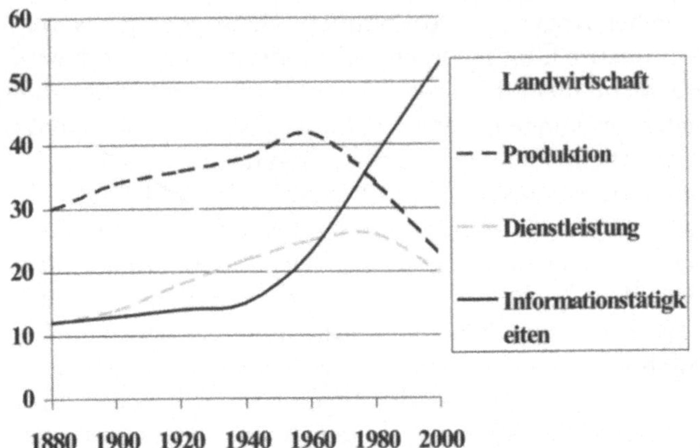

Während die landwirtschaftlich Beschäftigten von rund 45 Prozent um 1880 auf etwa 4 Prozent heute zurückgingen, wuchs der Anteil der Produktionstätigkeit von 30 Prozent auf etwa 42 Prozent in den sechziger Jahren, sank dann aber kontinuierlich wieder bis auf heutige 22,5 Prozent. Der Dienstleistungssektor vergrößerte sich von 12 auf 26 Prozent um 1980, um dann ebenfalls wieder auf 20 Prozent zu schrumpfen.

Die Informationstätigkeit steigt nach einem anfänglichen Anteil von 12 bis 15 Prozent seit etwa 1940 kontinuierlich und schnell an. Die Kurve hat bereits 1980 die der Produktionstätigkeiten geschnitten. Gegenwärtig sagen die Berliner Zahlen, dass deutlich mehr als die Hälfte aller Erwerbstätigkeiten Informationstätigkeiten sind.

Ein Ende dieser Entwicklung ist nicht abzusehen. Im Gegenteil. Die unerhörte Explosion des Internet und die rasante Entwicklung von Hard- und Software haben diesen Trend in den letzten Jahren noch wesentlich verstärkt.

Was aber ist eine Firma wie Tecoplan mit ihrem Engineering Dienst Xbrioso? Hier wird Software hergestellt, aber nicht mehr verkauft, sondern für die Bereitstellung eines Service genutzt.

Wo soll man virtuelle Marktplätze und Portale wie web2cad einordnen? Teilweise ist hier selbstverständlich ebenfalls Softwareentwicklung die Voraussetzung des Geschäftes, aber die Haupttätigkeit liegt in der reinen Vermittlung von Informationen einschließlich solcher von Angebot und Nachfrage.

Ganz zu schweigen von den vielen kleinen Unternehmen und Freiberuflern, die ihre Kenntnisse projektweise in den Dienst anderer Unternehmen stellen. Sei es zur Entwicklung von Spezialsoftware, sei es zur Unterstützung bei der Integration vorhandener Lösungen, sei es beim Aufbau oder Betrieb neuer ASP-Dienste – oder sei es innerhalb einer Produktentwicklung. Wobei letzteres natürlich wieder sowohl die Anwendung von Standardsystemen als auch die Neuentwicklung projektspezifischer Applikationen bedeuten kann.

Die Situation, die wir gerade erleben, lässt eine sichere Einteilung künftiger Branchen noch gar nicht zu. Dafür kennen wir noch viel zu wenige der Geschäftsfelder, die sich noch auftun werden.

Sicher ist nur, dass sie alle beherrscht sein werden vom Informationsgeschäft. Und sicher ist, dass die Beherrschung der Informationstechnologie sowohl für den einzelnen wie für alle Arten von Unternehmen existenziell wird.

Ziemlich sicher ist, dass dabei die Bedeutung der komplexen Unternehmensorganisation abnimmt. Stattdessen werden Geschäfte und Projekte in zunehmendem Umfang virtuell organisiert. Die Infrastruktur des Internet und seiner Technologien wird die treibende Kraft sein.

Viele haben nach dem gefürchteten und dann doch ausgebliebenen Katastrophenszenario zum Jahrtausendwechsel gespottet, da hätten wohl etliche Unternehmen bloß eine zusätzliche Quelle für die schnelle Mark entdeckt.

Tatsache ist, dass niemand sagen kann, ob die Angst übertrieben war, oder ob die allenthalben getroffenen Vorsichtsmaßnahmen ursächlich für den nicht eingetretenen GAU waren.

Das Netzwerk von Computern hat zum Ende des letzten Jahrhunderts ein solches Ausmaß erreicht, dass es sich jeder detaillierten Analyse entzieht. Es ist überall. Und es ist nirgends.

Seine Auswirkungen auf die gesamte Gesellschaft aber sind keineswegs virtuell. Und wer sich damit nicht auseinandersetzt, wird in der Wirtschaft der Zukunft, die sich vor unseren Augen entfaltet, auf jeden Fall keine herausragende Rolle mehr spielen.

14 Strategien in Zeiten des Web

Was folgt aus all dem? Was gilt es zu beachten, wenn man als Manager die Weichen für die kommenden Jahre richtig stellen will? Wo liegen die kritischen Punkte in den Prozessen der Produktentwicklung, die demnächst die tiefgreifendsten Änderungen erfahren werden?

Wenn man das wüsste

Wer diese Fragen zufriedenstellend beantworten könnte, müsste über übersinnliche Fähigkeiten verfügen. Aber eine Reihe von Ansatzpunkten gibt es natürlich schon, die bei strategischen Entscheidungen berücksichtigt werden sollten.

Hellseher gesucht

14.1
Das Web ist Grundvoraussetzung

Man mag es kaum aussprechen, weil es sich eigentlich mittlerweile von selbst verstehen sollte. Und dennoch muss es insbesondere für den Bereich der Fertigungsindustrie und des Engineering ausdrücklich gesagt werden:

Es sollte klar sein

Wer den Anschluss sämtlicher Computerarbeitsplätze im Unternehmen an das Internet für eine zweitrangige Angelegenheit hält, der trifft damit die Entscheidung, seinem Unternehmen entscheidende Wettbewerbsvorteile vorzuenthalten.

Geschäftsschädigend

Ich treffe bei Gesprächen mit dem Management immer noch auf diese Haltung. Die Vernetzung mit dem Internet wird sehr häufig noch als eine Investitionsentscheidung behandelt, die mit der in neue Hard- oder Software für einzelne Mitarbeiter vergleichbar ist.

Das Internet ist nicht irgendeine Investition

Aber während die Ausbreitung der Computertechnologie über die Unterstützung einzelner Aufgabengebiete erfolgte, ihr früherer oder späterer Einsatz also ebenfalls nur einen bestimmten Teil des Prozesses betraf, handelt es sich beim World Wide Web um die Basistechnologie des ganzen Unternehmens.

Drehscheibe fürs Ganze

Während es für die Durchsetzung beispielsweise des CAD-Einsatzes als Standardwerkzeug im Engineering insgesamt dreißig

Jahre brauchte, hat das Internet für seine generelle Verankerung und für wesentlich gravierendere Auswirkungen auf die gesamte Wirtschaft gerade einmal fünf Jahre hinter sich.

Webtime ist eine verdammt schnelle Zeit. Sie sorgt nicht nur für verkürzte Entwicklungszyklen, sondern auch für eine rasante Veränderung und Dynamisierung sämtlicher Rahmenbedingungen.

Unter diesen Gesichtspunkten sollten die Investitionen in das künftige IT-Backbone der Web-Technologie gesehen werden. Dass die Entscheidung für dieses neue Rückgrat des Unternehmens getroffen werden muss, steht nicht in Frage. Also gibt es keinen Grund, sie hinauszuschieben.

Dasselbe gilt im Grunde für die Einrichtung eines firmenweiten Intranets als Kommunikationsplattform für alle Mitarbeiter, für die Einrichtung von Entwicklungs-Sites, über die Engineering-Projekte abzuwickeln sind.

So wie heute eine Standardsoftware, die nicht über die Möglichkeit der Datenausgabe via HTML verfügt, kaum noch Aussichten hat, die nächsten Jahre zu überleben, so wird ein Fertigungsbetrieb, mit dessen Ingenieuren nicht Projektdaten über das Internet ausgetauscht werden können, schon sehr bald vor größeren Problemen stehen.

14.2
Wo sind die Schwachstellen im Engineering?

Die bislang notwendigen Kompromisse innerhalb des Informationsgeschäftes werden einer nach dem anderen obsolet. Natürlich sind genau dies die Schwachstellen, an denen der Mitbewerber oder ein Startup ansetzen können, um gegenüber Ihrem Unternehmen einen Wettbewerbsvorteil zu erlangen.

Einer der zentralen Punkte einer aktuellen Prozessanalyse sollte also auf jeden Fall darin liegen, genau diese Kompromisse ausfindig zu machen.

Im Engineering der Fertigungsindustrie sind diese Kompromisse so vielfältig, dass man allein darüber ein Buch schreiben könnte. Greifen wir drei heraus, die nahezu überall eine Rolle spielen: den Datenaustausch, die Organisation und die Nutzung von Wissen.

Im Zentrum steht der unbefriedigende Austausch von Produktdaten zwischen unterschiedlichen Disziplinen und Teilprozessen, und noch wichtiger der aufwendige Transfer und die Konvertierung von Daten zwischen Partnerfirmen, wichtiger Bestandteil des Supply Chain Management.

Bis vor kurzem wurde hier die Lösung in besseren Schnittstellen und der engeren Integration der einzelnen Softwarekomponenten gesucht.

Es kann richtig sein, der Standardisierung auf ein Kernsystem hohe Priorität einzuräumen. Besser als die Pflege unterschiedlicher Datenstrukturen in diversen Softwareinseln einzelner Abteilungen ist dies allemal. *Ein System für alle ...*

Damit wird aber das Problem in der Regel nur zum Teil gelöst. Kein System bietet optimale Funktionalität für sämtliche Details einer Produktentwicklung. Schon gar nicht über Firmengrenzen hinweg. *... gibt es selten*

Die Nutzung neuer Möglichkeiten des Einsatzes unterschiedlicher Applikationen mit Hilfe der Web-Technologie oder darauf basierender Frameworks und Dienste ist deshalb mindestens ebenso wichtig. Selbst der Datenaustausch ist seit einiger Zeit eine Aufgabe, die Sie über ASP-Angebote erledigen können, wo dies nicht zu vermeiden ist. *Internette Alternativen*

Prüfen Sie, ob das elektronische Management der Produktdaten nicht eine spürbare Verbesserung der Situation in Ihrem Unternehmen erwarten lässt. *Besseres Management*

Und versuchen Sie herauszufinden, ob der Anschluss an das ENX beziehungsweise GNX nicht für Ihr Unternehmen sinnvoller ist als die ausschließliche Nutzung des öffentlichen Netzes über irgendeinen Provider. Vergleichen Sie die unterschiedlichen Angebote nicht absolut, sondern immer in Verbindung mit dem zu erwartenden Datenvolumen, das übertragen werden muss. *Wer bietet mehr?*

Ein zweiter wichtiger Punkt ist die Organisation. Ihre Struktur kann auf Basis eines neuen IT-Backbones des Unternehmens wahrscheinlich deutlich vereinfacht werden. Umstrukturierungen von festen, aufgabenbezogenen Abteilungen in produktbezogene Projektteams sind notwendig, und die Web-Technologie liefert dafür die Werkzeuge. *Es geht auch weniger kompliziert*

Vielfach werden sich auch durch die Nutzung von Internet-Diensten einzelne Aufgaben oder ganze Bereiche auslagern lassen. Wenn dies möglich ist, wird mit großer Wahrscheinlichkeit irgendwo ein entsprechendes Dienstleistungsangebot auf dem Markt auftauchen.

Hier kann sich ein neues Geschäftsfeld oder aber eine ernsthafte Konkurrenz für Sie auftun. Vollziehen Sie den Schritt selbst und im richtigen Moment, kann dies zu einer starken neuen Position in *Nicht warten – Machen!*

beiden Bereichen führen. Versuchen Sie die bisherige Struktur gegen die allgemeine Entwicklung zu verteidigen, kann es sein, dass das ganze Geschäft in Gefahr gerät.

In allen Branchen, für jeden Fachbereich wird es Portale und virtuelle Marktplätze geben, sofern sie nicht bereits existieren. Besuchen Sie die für Sie wichtigen Marktplätze und nutzen Sie intensiv die dort versammelten Informationen. Sorgen Sie dafür, dass Ihr Unternehmen dort gefunden wird.

Nie zuvor hat es eine solche Ansammlung von Wissen und Kapazitäten zu einem bestimmten Aufgabengebiet gegeben. Nirgends sonst werden Sie so kontinuierlich auf dem Laufenden gehalten über aktuelle Entwicklungstrends, deren Halbwertszeit ständig weiter sinkt, über neue Produkte, Dienste und Methoden.

Überlegen Sie, welche Teile Ihres Angebotsportfolios sich für den Auftritt auf einem solchen Markt besonders gut eignen. Hier liegen die Möglichkeiten, das Produktgeschäft durch die Nutzung des Internet massiv auszudehnen.

Vielleicht werden Sie auch feststellen, dass sich bestimmte Kernkompetenzen Ihres Hauses und Ihrer Produktentwicklung selbst für einen ASP-Dienst eignen, den niemand außer Ihnen bereitstellen kann. Sorgen Sie für die nötigen Voraussetzungen hinsichtlich Hard- und Software und wagen Sie sich auf dieses neue Feld. Oder suchen Sie sich den Partner, der diesen Teil Ihres Geschäftes übernimmt. Wenn Sie es nicht tun, kommt das Angebot bestimmt früher oder später von anderer Seite.

14.3
Welche Software braucht die Welt?

Die Veränderungen, die wir in der Softwareindustrie erleben werden, sind mindestens ebenso dramatisch, allgemeingültige Strategien ebenso unmöglich und unsinnig. Aber einige Fragen stellen sich beinahe für jedes Unternehmen, das seinen Umsatz mit Software macht.

Die Hersteller von Standardsoftware haben selbst mit der Standardisierung in Richtung objektorientierter Programmierung die Grundlage gelegt für die Interoperabilität von Applikationen. Diese Entwicklung ist unumkehrbar. Und die Güte der systemübergreifenden Zusammenarbeit wird mehr und mehr wettbewerbsentscheidend.

Eine der dringlichsten Aufgaben der großen Anbieter ist deshalb die Forcierung dieses Aspektes, statt darauf zu warten, wann die Forderung von Seiten der Anwender nicht mehr überhört werden kann.

Gleichzeitig wird es immer leichter, kleine Applikationen für bestimmte Aufgaben zu erstellen, die relativ gut zur Zusammenarbeit mit Standardsoftware geeignet sind.

Man muss also damit rechnen, dass in den nächsten Jahren zahlreiche neue Applikationen aus dem Boden schießen, die sich jeweils auf Funktionen konzentrieren, die im Rahmen verfügbarer Systeme besonders kompromissbeladen sind. *Die Schwachstellen finden*

Die Strategie, den bestehenden Kundenstamm weiterhin durch die Abschottung der Gesamtanwendung bei gleichzeitiger Bedienung möglichst sämtlicher Anforderungen im Rahmen dieses einen Systems zu verteidigen, dürfte ziemlich aussichtslos sein. *Schlechte Strategie*

Der richtige Weg wäre die Untersuchung der Standardsoftware auf solche Schwachstellen (sofern sie nicht ohnehin bekannt sind), und die Zergliederung in kleine Komponenten.

Auf diese Weise besteht einerseits die Möglichkeit, selbst die neuen Funktionen zu liefern, die natürlich besser mit dem Kernsystem operieren können als andere. Andererseits lässt sich so die Einbindung der jeweils optimalen Lösung erleichtern, womit aus dem potenziellen Wettbewerber ein starker Partner wird. *Besser selbst gemacht*

Einer der Schwerpunkte der industriell eingesetzten Engineering Software wird in der nächsten Zeit auf der Möglichkeit liegen, das Wissen der Ingenieure und Konstrukteure intensiv für eine weitergehende Automatisierung der Produktentwicklung zu nutzen. *Knowhow erfassbar machen*

Wie gut oder schlecht es eine Applikation dem Anwender ermöglicht, auf ihrer Basis betriebsspezifische Anwendungen zu programmieren, wird zu einem der wesentlichen Entscheidungskriterien.

Generell muss der Hersteller von Standardsoftware sich mehr und mehr zum Technologielieferanten verändern, der dem bisherigen Anwenderunternehmen die besten Tools auch für die betriebsspezifische Anpassung, Integration und Erweiterung zur Verfügung stellt. *Mehr Dienstleistung, bitte!*

Auch die Beratung und das Training in Hinsicht auf solch extensive und innovative Softwarenutzung wird weiter an Bedeutung gewinnen.

Wogegen die teilweise recht großen Vertriebsorganisationen nicht nur umlernen müssen, um dieses veränderte Angebot transparent zu machen. Ihr Gewicht und vermutlich auch ihre Zahl wird gegenüber den Beratern mit Sicherheit abnehmen.

Schließlich muss sich jeder Softwarehersteller die Frage stellen, welche Rolle er in Bezug auf Application Service Providing spielen will.

In einzelnen Fällen könnte sich herausstellen, dass die bisher als Lizenzprodukt vertriebene Standardsoftware sich sehr viel besser als Grundlage für das Angebot eines entsprechenden Service über das Internet eignet.

Die zweite Möglichkeit ist die Mietnutzung der Standardsoftware über ein ASP-Portal. Es ist damit zu rechnen, dass zahlreiche Anbieter diesen Weg gehen werden.

Auf absehbare Zeit steht nicht zu erwarten, dass dieses Software-Leasing den Einsatz installierter Anwendungen ersetzt oder auch nur spürbar schwächt. Vielmehr tun sich hier zusätzliche Geschäfte auf, nämlich überall da, wo sich die Installation nur für eine kurze Zeit oder ein spezielles Projekt nicht lohnt. Dieses Zusatzgeschäft überlässt man, wenn man sich nicht am Portal beteiligt, den anderen.

Ein noch kaum zu überschauendes Tätigkeitsfeld wird sich aber in einem Bereich auftun, den es bisher noch gar nicht gibt, und in dem die Industrie auf massive Unterstützung durch Softwarespezialisten angewiesen ist.

Fertigungsunternehmen werden einerseits die mit Standardsoftware erzeugten Produktdaten in wachsendem Umfang über Intranet, Extranet und Internet verfügbar machen wollen. Andererseits werden sie selbst als Anbieter von ASP-Diensten auftreten, mit Applikationen, in denen sie ihr Spezial-Knowhow externen Partnern oder Kunden zur Verfügung stellen.

Die heute am Markt vorhandenen Kapazitäten an Softwareingenieuren und Beratern reichen für diese Aufgaben bei weitem nicht aus.

Glossar

3D-stereo

Vor allem in Virtual Reality genutzte Technik der Visualisierung, die dem Betrachter nicht nur ein Bild liefert, sondern zwei gleichzeitig projizierte Bilder, die den Abstand der Augen des Betrachters berücksichtigen und ihm damit vorspiegeln, ein räumliches Modell zu sehen. Um die beiden Bilder jeweils dem richtigen Auge zuzuordnen, kommen verschiedene Techniken zum Einsatz. Als aktives Stereo bezeichnet man die Betrachtung mit einer Brille, die abwechselnd jeweils das Auge abdunkelt, für welches das dargestellte Bild nicht gedacht ist. Passiv nennt man die Stereodarstellung, bei der die Bilder durch Filter vor den Projektoren und dazu passende Filter etwa in einer Brille dem jeweiligen Auge zugewiesen werden.

aecXML

Durch Bentley Systems, den Hersteller von MicroStation, Ende 1999 initiierter XML-Standard für die elektronische Abwicklung von Projekten in Architektur und Bauwesen. Zahlreiche wichtige Softwareanbieter und Verbände und viele große Anwenderunternehmen bemühen sich um die weitere Definition und Verankerung dieses Standards. (www.aecXML.org)

Applet

In Java programmierte (kleine) Applikation (Anwendung), die innerhalb eines Internet-Browsers ohne Installation auf dem Endgerät ablaufen kann. Ein Applet wird im Browser gestartet und nach Programmende wieder gelöscht.

Application Server

Als Application Server bezeichnet man den Teil einer internetfähigen Anwendung, der auf dem Server läuft und es dem Endanwender ermöglicht, sie über Browser und zugehörige Client-Anwendung zu nutzen. In der Regel umfasst der Application Server Kern und Hauptfunktionalität der Applikation. Lediglich Ein- und Ausgabe sowie Visualisierung von Anwendungsergebnissen ist Aufgabe des Client.

Application Service Providing (ASP)

Neue Art der Softwarenutzung per Fernbedienung über das Internet beziehungsweise auf Basis von Web-Technologie. Die Applikation ist beim Provider installiert, der Anwender zahlt lediglich für die tatsächliche Nutzungsdauer.

ASP ist im Grunde etwas verwandt mit früheren Rechenzentrums-Anwendungen unter Verwendung neuer Technologien, aber mit völlig neuen Geschäftsmodellen.

AutoCAD

Weltweit millionenfach und damit meistgenutztes CAD-System des Herstellers Autodesk (Kalifornien). Es läuft heute ausschließlich unter den Betriebssystemen von Microsoft. Schwerpunkt von AutoCAD war die Funktionalität zur Erstellung technischer, zweidimensionaler Zeichnungen auf dem PC. Seit einigen Jahren spielt auch hier das 3D-Modell eine wachsende Rolle.

Autodesk

Bekanntestes Produkt ist AutoCAD. Heute verfügt Autodesk allerdings über eine breite Palette von Systemen für nahezu alle Anwendungsbereiche von CAD (Mechanik, Architektur, Geografische Informationssysteme (GIS)) bis hin zu Multimediaprogrammen und Visualisierungstools. Seit 1999/2000 ist Autodesk zunehmend auch als ASP-Anbieter und Portalbetreiber aktiv.

Browser

Das englische to browse bedeutet unter anderem: in einem Magazin blättern, sich umsehen. Der Browser ist ein Werkzeug, mit dem sich der Computeranwender zum Beispiel in den Verzeichnissen einer Festplatte oder im Bestand einer Datenbank umsehen kann.

Meist wird heute unter Browser eine Anwendung verstanden, die den Zugang zum Internet herstellt und damit das *Blättern* im World Wide Web ermöglicht. Die verbreitetsten Internet-Browser sind der Internet Explorer von Microsoft und Netscape Navigator von Sun Microsystems.

Business Objekt

Objektorientiert programmierter Softwarebaustein, der einen ganz bestimmten Geschäftsprozess abbildet. Die Industrie arbeitet an umfangreichen Bibliotheken solcher Business-Objekte, die sich dann relativ einfach in komplexe Anwendungen einbauen lassen.

C++

Hoch entwickelte Programmiersprache, die für die meisten auf dem Markt befindlichen Engineering-Softwaresysteme verwendet wurde und wird. Sie gestattet objektorientierte Programmierung, ermöglicht aber auch den Einsatz nicht-objektorientierter Techniken, die dann unter Umständen die Wartung und Weiterentwicklung durch andere als die ursprünglichen Programmierer erschweren.

CAD

Computer Aided Drafting oder Computer Aided Design, also computerunterstützte Zeichnungserstellung oder Konstruktion.

CADDS

Von Computervision entwickelte und vermarktete High-End CAD-Software, die in weiten Bereichen der Industrie weltweit zum Einsatz kam. Computervision und damit auch die Pflege von CADDS wurde 1998 von PTC übernommen.

CAE

In diesem Buch wird CAE für Computer Aided Engineering verwendet, also für computergestützte Berechnung und Simulation im Ingenieurwesen. Daneben wird die Abkürzung vielfach auch für CAD in der Elektrotechnik gebraucht.

CAM

Computer Aided Manufacturing. Erzeugung von Programmen zur Ansteuerung von Maschinen beispielsweise zum Fräsen, Drehen, Bohren oder Stanzen. Moderne Installationen gestatten die weitgehend automatische Erstellung solcher Programme auf Basis von CAD-Modellen.

CATIA

Bekanntestes und wichtigstes Produkt von Dassault Systèmes (Paris), das von IBM und zahlreichen Vertriebspartnern weltweit vermarktet wird. High-End Lösung für mechanische Konstruktion mit Schwerpunkt auf 3D-Modellierung für nahezu alle Bereiche der Fertigungsindustrie. Traditionell vor allem von den komplexen

Industrien genutzt, finden sich heute CATIA-Installationen in
allen Branchen und Firmengrößen.

CAX
Gebräuchliche Abkürzung für Software X-beliebiger Art im Umfeld des Computer Aided Engineering.

Cisigraph
Hersteller von STRIM 100, einem High-End 3D-Flächenmodel-
lierer, der vor allem in der Automobilindustrie im Umfeld der
Werkzeug- und Formenkonstruktion zum Einsatz kam. Zunächst
von Matra Datavision übernommen, wurde Ende 1999 die Weiterentwicklung vollständig eingestellt.

Client-Server
Im Engineering heute noch übliche Netzwerkumgebung, in der
eine größere Anzahl von Workstations oder PCs als Clients mit
einem oder mehreren Servern verbunden sind. Auf dem Server
können sowohl Applikationen (vor allem Datenbanken) und Lizenzen als auch Dateien installiert beziehungsweise gespeichert
sein, auf die je nach Berechtigung von den Clients zugegriffen werden kann. Die CAX-Applikationen selbst laufen üblicherweise auf
dem Client, also dem Arbeitsplatzrechner.

Computervision
Lange Jahre führender Anbieter von CAD-Systemen, die vor allem
in der großen Industrie zum Einsatz kam. Anfang 1998 von PTC
übernommen.

COVISINT
Von der Automobilindustrie forciertes Projekt, das in erster Linie
der Standardisierung von Beschaffungsmaßnahmen über XML
und elektronische Marktplätze dient.

Dassault Systèmes
Hersteller von CATIA, gemeinsam mit IBM Hersteller von ENO-
VIAVPM, und weiteren Softwareprodukten für das Engineering.
Weit über tausend Softwareingenieure in Paris und zahlreichen
anderen Standorten.

Datenstruktur
Jedes Softwaresystem basiert auf einer spezifischen Architektur,
die sowohl die möglichen Elemente als auch beispielsweise Dar-

stellung, Speicherungsformat und Zugriff definiert. Ein unmittelbarer Austausch der mit einem bestimmten System erzeugten Daten mit denen anderer System erfordert entweder eine Direktschnittstelle oder die Verwendung eines Standardformates als Zwischenschritt.

Digital Mockup (DMU)
Mit Mockup bezeichnet man in der Automobilindustrie weltweit den vollständigen Zusammenbau des Fahrzeugs. Seit etlichen Jahren arbeitet diese Industrie an der Möglichkeit, auch digitale, also mit dem Computer erzeugte Modelle zu einem möglichst frühen Zeitpunkt zu einem vollständigen, virtuellen Prototyp des Fahrzeugs zusammenzuführen, an dem dann zum Beispiel Montageschritte oder Funktionsprüfungen unterschiedlichster Art realitätsnah simuliert werden können.

E-CAD
Computerunterstützte Konstruktion in der Elektrotechnik

ENOVIAvpm
Produktdatenmanagement System der Firma ENOVIA, die von Dassault Systèmes und IBM gegründet wurde.

Explosionsdarstellung
Darstellung von Baugruppen oder Komplettprodukten, die die Einzelteile im nicht zusammengebauten Zustand, aber in ihrem Bezug und ihrer Positionierung zueinander zeigt. Übliche Verwendung etwa in der Montage oder in Bedienungsanleitungen.

Extranet
Gegen unbefugte abgeschirmter Bereich des Internets, der einer besseren Verbindung beispielsweise zwischen dem Auftraggeber und seinen Zulieferern oder auch seinen Kunden dient.

Firewall
Allgemeine Bezeichnung für Sicherheitsmaßnahmen, die beispielsweise eine Firma gegenüber dem öffentlichen Internet einrichtet, um unbefugten Zugriff und unerwünschte Zusendungen von außen zu verhindern. Gleichzeitig wird darüber geregelt, welche Zugriffsrechte der einzelne Mitarbeiter auf das öffentliche Internet hat.

FORTRAN
Ältere Programmiersprache, die vor der allmählichen Ablösung durch C++ und objektorientierte Programmierung der Standard in der Entwicklung von Engineering Software war.

Front-End
Übliche Bezeichnung für Endgeräte eines Netzwerkes (auch des Internet), über die der Einzelne auf die Ressourcen des Netzes zugreifen kann. Heute meist PC, rechnet das Institut IDC für 2003 hinsichtlich der Internetzugänge mit mehr als 50 Prozent mobilen Front-Ends wie Telefon oder Organizer.

Genius
Ehemals Hersteller von Mechanik-Erweiterungen und Zusatzprogrammen auf der Basis von AutoCAD.

HTML
Hyper Text Markup Language. International standardisierte Programmiersprache für Internet-Seiten.

Hybridmodell
Im Bereich der CAD-Software spricht man von einem Hybridmodell, wenn die Datenstruktur sowohl Volumenmodell als auch Flächenmodell umfasst. Der Benutzer kann bei einem Hybridmodellierer zwischen diesen unterschiedlichen Modellen wechseln und sie in einer Konstruktion miteinander mischen, ohne darauf achten zu müssen.

I-DEAS
High-End 3D-CAD-System von SDRC Software und Service, das sowohl in der Automobilindustrie als auch im allgemeinen Maschinenbau zum Einsatz kommt.

IGES
Internationaler Standard zum Austausch von 2D- und 3D-Geometriedaten unterschiedlichen Formates, der beinahe von allen Computergrafiksystemen beherrscht wird.

Interoperabilität
Von Interoperabilität redet man seit einigen Jahren in zunehmenden Maße bei Applikationen, die ohne expliziten Datenaustausch zusammenwirken können. Ein Beispiel: Die Möglichkeit, eine Tabellengrafik so innerhalb eines Textes zu platzieren, dass sie sich

automatisch anpasst, wenn die Grafik im Originalsystem geändert wird.

Intranet
In der Regel durch Firewall nach außen abgeschirmtes, nur für die eigenen Mitarbeiter bestimmtes Firmennetzwerk auf Basis der Internet-Technologie. In der Regel ist der Zugriff auf das öffentliche Netz aus dem Intranet heraus möglich.

Java
Von Sun Microsystems entwickelte Programmierplattform. Im Kern steht die Sprache Java, die eine Weiterentwicklung von C++ darstellt: Alle nicht wirklich objektorientierten Elemente dieser Programmiersprache wurden entfernt, etliche Aufgaben, die früher der Softwareentwickler zu lösen hatte, automatisiert.

Java ist eines der wichtigsten Werkzeuge für die Entwicklung Webfähiger Anwendungen. Vor allem deshalb, weil eine in Java programmierte Applikation (oder ein Applet) auf nahezu jedem Betriebssystem ohne erneute Anpassung lauffähig ist. Ursprünglich reine Interpreter-Sprache, die zur Laufzeit übersetzt wurde, gibt es heute für alle Plattformen auch entsprechende Compiler, um die Performance zu erhöhen.

Java Virtual Machine (JVM)
Der zweite Eckpfeiler von Java neben der Programmiersprache selbst ist die Java Virtual Machine. Sie stellt eine Art Betriebssystem über dem eigentlichen Betriebssystem dar und sorgt dafür, dass in Java geschriebene Programme in den Maschinencode der jeweiligen Plattform übertragen werden. Alle relevanten Rechnerhersteller haben schon seit Mitte der 90er Jahre die Java Virtual Machine lizenziert und implementiert.

Konsistenz
Von Datenkonsistenz spricht man beispielsweise bei einem 3D-Modell, das sowohl in der Konstruktion als auch in der Berechnung, Simulation, Fertigung oder Dokumentation herangezogen wird. Alle Darstellungen beruhen tatsächlich auf denselben Ausgangsdaten und sind nicht durch Datenübertragung oder Kopien davon losgelöst, so dass die jederzeitige Aktualität aller Versionen garantiert bleibt. Trotz unterschiedlicher Modelle kann solche Konsistenz auch durch ein Produktdatenmanagementsystem gewährleistet werden, das dann den Zusammenhalt zwischen den einzelnen Teilen überwacht.

Linux

Anfang der 90er Jahre durch einen Studenten entwickeltes Betriebssystem für PC und Workstation, das als Open Source Software von jedermann aus dem Internet heruntergeladen werden kann. Alle seitherigen Weiterentwicklungen basieren auf der freiwilligen und kostenlosen Arbeit von unzähligen Menschen weltweit, die dieses Projekt unterstützen. Linux ist inzwischen zu einem ernsthaften Konkurrenzprodukt für die Betriebssysteme von Microsoft geworden. Insbesondere im Einsatz als Serverbetriebssystem erfreut es sich weltweit und in allen Anwendungsbereichen rasch wachsender Beliebtheit.

Makro

Als Makro bezeichnet man in der Regel eine Zusatzprogrammierung, die bestimmte Funktionen einer Software an den entsprechenden Bedarf des Anwenders oder des Unternehmens anpasst. Zum Beispiel indem bestimmte Funktionen, die häufig in derselben Reihenfolge genutzt werden, automatisch zu einem einzigen Menüpunkt zusammenzufassen.

Marktplatz (elektronisch)

Generell ist damit eine Internetadresse gemeint, die den Handel auf elektronischem Wege ermöglicht. In letzter Zeit hat sich als besonderes Merkmal die Form der elektronischen Auktion herausgestellt. Dabei veröffentlicht der Nachfrager einen Kaufwunsch und den Preis, den er maximal zu zahlen bereit ist. Die Anbieter können sich dann in einer schnellen Preisspirale nach unten gegenseitig unterbieten, bis der Marktplatz geschlossen wird. Vor allem für einfache Güter der Serienproduktion stößt diese Form des elektronischen Handels auf großes Interesse.

Maschinencode

Jeder Computer hat eine Maschinensprache, mit der die einzelnen Operationen der CPU gesteuert werden. Um Programme, die in einer allgemein gängigen Programmiersprache entwickelt wurden, zu lauffähigen Applikationen zu machen, müssen sie mit Hilfe eines Compilers (Übersetzer) in die jeweilige Maschinensprache übersetzt werden.

Mechanical Desktop

3D-Anwendung von Autodesk auf der Basis von AutoCAD. Heute mehr und mehr verdrängt von der neueren Software Inventor, die nicht mehr auf AutoCAD aufsetzt.

Mentor Graphics
Einer der weltweit wenigen großen Hersteller von Elektronik-CAD
Systemen.

Middleware
Unter Middleware versteht man Einheiten eines Hard- oder Softwaresystems, die zwischen dem Basisbetriebssystem und den Anwendungen oder zwischen dem Kern einer Applikation und den
eigentlichen Funktionen liegen. Typisches Beispiel für den ersten
Fall: die Java Virtual Machine.

Midrangesystem
Der Begriff kam mit der Verfügbarkeit von SolidWorks und Solid-
Edge auf, die sowohl preislich als auch hinsichtlich ihres Funktions-
umfangs zwischen den traditionellen PC-CAD-Systemen und den
so genannten High-End Lösungen angesiedelt waren. Ihr Kern ist
ein 3D-Volumenmodellierer, das Betriebssystem Microsoft Windows. Neben den beiden genannten kann man auch Mechanical
Desktop und Inventor als Midrangesysteme einordnen.

MSC.Software
Früher MacNeal Schwendler. Führender Anbieter von CAE-Software, unter anderem Nastran. Seit Mitte 1999 mit eigenem Portal
auch ASP-Anbieter. (www.engineering-e.com)

NC
(Numeric Controlled) NC-Maschinen sind computergesteuerte
Bearbeitungsmaschinen unterschiedlichster Art. Ursprünglich
meist unmittelbar an der Maschine, dann in separaten Büros off-
line programmiert, werden heute vielfach die Programme weitgehend automatisch aus CAM-Systemen heraus generiert.

NT (Windows NT)
Betriebssystem von Microsoft, das in den letzten Jahren die UNIX-
Workstations an Bedeutung auch im Engineering überrundet hat.
Besonderer Anziehungspunkt für die Industrie war die Tatsache,
dass damit Office-Produkte und CAX-Software auf demselben
Arbeitsplatzrechner installiert und genutzt werden konnten.

Objektorientierte Programmierung
Software-Objekte zeichnen sich dadurch aus, dass sie eine Einheit
von Daten und Funktionen darstellen. Definierte Methoden gestatten ihnen den Austausch von Nachrichten mit anderen Objek-

ten. Objekte mit ähnlichen Eigenschaften sind in Klassen zusammengefasst, innerhalb derer Klasseneigenschaften vererbt werden können.

Die Programmierung solcher Objekte und die Erstellung von Applikationen, die sie nutzen, erlaubt eine wesentlich höhere Wiederverwendbarkeit von einmal erzeugtem Sourcecode. Die verfügbaren Klassen bieten darüber hinaus eine deutlich höhere Betriebssicherheit. Insgesamt beschleunigt objektorientierte Programmierung die Softwareentwicklung, und die Applikationen bieten dem Anwender beträchtlich mehr Komfort und eine intuitive Bedienbarkeit.

Open Source
Das bekannteste Beispiel ist die Betriebssystemsoftware Linux. Mit Open Source legt der Entwickler einer Software den Quellcode für jedermann und kostenlos offen und gestattet die Veränderung, Erweiterung und Nutzung in jeglicher Form. In der Regel sorgt eine Art Kernteam, das wiederum eine freiwillige und zeitlich begrenzte Zusammensetzung haben kann, in gewissen Abständen für zertifizierte Versionen, die eine größere Gewähr der Fehlerfreiheit bieten. Open Source ist in den letzten zehn Jahren zunehmend zum Thema geworden. Mittlerweile gibt es entsprechende Projekte in den unterschiedlichsten Einsatzfeldern.

PASCAL
Programmiersprache, die vor allem Vorteile für die Lösung mathematischer Aufgabenstellungen bietet.

PDM
Produktdatenmanagement, gelegentlich auch EDM, Engineering Data Management. Spezielle Systeme für das Management von Produktdaten, in erster Linie von Daten aus der Produktentwicklung (CAD/CAM/CAE) einschließlich der Änderungszustände und Stati im Freigabeprozess. Vielfach auch das Bindeglied zwischen der Produktentwicklung und anderen Unternehmensbereichen, indem PDM-Systeme auch Nichtanwendern der Entwicklungssysteme gezielten Zugriff auf Produktdaten ermöglichen.

Pro/ENGINEER
Flaggschiff von PTC, mit dem in den 90er Jahren weltweit eine führende Position unter den CAD-Systemen erobert wurde. Die heute eher selbstverständliche Verfügbarkeit von Parametrik in

Zusammenhang mit 3D-Modellierung war damals eines der Allein-
stellungsmerkmale von Pro/ENGINEER.

Proprietär
Eigentlich veralteter Begriff für eigen, im Eigentum befindlich. In
Zusammenhang mit Hard- und Software sind damit Systeme gemeint, die nur in einem engen, vom Hersteller vorgegebenen
Rahmen funktionieren. Im CAD-Umfeld sind die meisten Datenstrukturen proprietär, das heißt beispielsweise, dass mit einem
bestimmten System erzeugte Modelle in dieser Form auch nur in
diesem einen System funktionieren.

PTC (Parametric Technology Corp.)
Hersteller von Pro/ENGINEER, in den letzten Jahren, seit der
Übernahme von Computervision, auch Anbieter des Webfähigen,
in Java geschriebenen PDM-Systems Windchill. Im Laufe der letz-
ten Jahre zahlreiche weitere Firmenübernahmen und deutliche
Ausdehnung der Produktpalette.

Rapid Prototyping
Schnelle Prototypenentwicklung. Der Begriff ist eng verbunden mit
der Methode der Stereolithografie. Damit lassen sich aufgrund
dreidimensionaler CAD-Modelle automatisch in sehr kurzer Zeit
Kunststoffmodelle herstellen. Vielfach hat sich diese Methode
bereits als Standard etabliert, und entsprechende Modelle ersetzen
die früher üblichen Hardwaremodelle. Sie gestatten mittlerweile in
vielen Fällen sehr weitgehende Funktionstests und Untersuchungen auf Eigenschaften des späteren Produktes.

Red Hat
Red Hat ist eine der Firmen, die in Zusammenhang mit dem Open
Source Betriebssystem Linux ein boomendes Geschäft gegründet
hat. Die Firma bietet zertifizierte Versionen mit Dokumentation,
sowie Beratung und Support rund um das ansonsten kostenlose
Linux an.

SDRC
Hersteller von I-DEAS Master Series. Früher fast ausschließlich als
Anbieter von CAE-Software und Beratungsdienstleistung in Sa-
chen Berechnung und Simulation aktiv.

Software Client
Siehe Application Server

Solid Edge
Ursprünglich in der Mitte der 90er Jahre von Intergraph entwikkeltes Midrangesystem, das zum damaligen Zeitpunkt erstmalig Interoperabilität zwischen 3D-CAD und Office Programmen bot. Software und ein Großteil der Mitarbeiter aus dem Bereich SolidEdge wurden von Unigraphics Solutions übernommen. Damit ergänzt das Midrangesystem die Produktpalette um Unigraphics, mit dem es auch noch über denselben Modellierkern Parasolid verbunden ist. Auch Parasolid gehört Unigraphics Solutions.

SolidWorks
Ebenfalls in der Mitte der 90er Jahre entstandenes Midrangesystem, das in vielen Punkten direkt im Wettbewerb mit SolidEdge steht. SolidWorks wurde inzwischen von Dassault Systèmes übernommen und ergänzt dort die CATIA Produktpalette nach unten.

STEP
Vor allem von der Automobilindustrie geforderter und geförderter Standard für den Datenaustausch im Engineering. Von zahllosen Protokollen wurden auch viele Jahre nach der geplanten Fertigstellung nur einige wenige freigegeben. Außer der Autoindustrie findet STEP bis heute kaum irgendwo interessierte Nutzer. In den meisten Fällen wird weiterhin IGES verwendet.

STL
Standardformat zur Ansteuerung von Stereolithografiemaschinen. Die heute gängigen 3D-Systeme verfügen üblicherweise über einen Automatismus, um Modelle in diesem Format ausgeben zu können.

STRIM 100
Hersteller Cisigraph. Früher führender Freiformflächen-Modellierer mit Anwendung vor allem in der Werkzeug- und Formenkonstruktion von Automobil- und Flugzeugindustrie.

UGS (bisher Unigraphics Solution)
Mit Unigraphics, Parasolid und zahlreichen weiteren Systemen im Engineering-Umfeld ist das Haus seit langen Jahren einer der führenden Anbieter von CAD/CAM- und PDM-Software.

UNIX
Oberbegriff für eine Reihe von Betriebssystemen von Grafikworkstations, wie sie lange Zeit die Standardhardware im Engineering

waren. Die wichtigsten übriggebliebenen Derivate von UNIX sind
AIX (IBM), HP-UX (Hewlett-Packard), IRIX (SGI) und Solaris
(Sun).

Virtual Reality
Virtual Reality steht für die in Echtzeit berechnete Visualisierung
von computergenerierten Objekten, die dem Betrachter zusätzlich
zur 3D-Stereodarstellung je nach Projektionsumgebung auch die
Möglichkeit der Interaktion mit den Computermodellen gestattet.
Dieses Eintauchen in die Welt der digitalen Daten schafft erstmals
die Möglichkeit für die effektive Einbeziehung auch von Nicht-
Ingenieuren in Entscheidungsprozesse der Produktentwicklung.
Bislang weitgehend auf die großen Industriebetriebe der Automobilindustrie und der Luft- und Raumfahrt beschränkt, deutet sich
für die nächsten Jahre eine sprunghafte Ausweitung des Einsatzes
auch in mittelständischen Unternehmen an.

VRML
Neutrales, reduziertes Standard-Datenformat für 3D-Visuali-
sierung, das ursprünglich von SGI entwickelt wurde.

Web Att@ck
Untertitel: Strategien für die Internet-Revolution, Autoren Philip
Evans und Thomas S. Wurster, Hanser Verlag, 2000.

XML
Extended Markup Language. Gegenüber HTML erweiterte Inter-
net-Programmiersprache, die vor allem die elektronische Abwicklung von kompletten Geschäftsprozessen ermöglicht.